福州市规划设计研究院集团有限公司
学术系列丛书

榕城立交

——福州城市立交的发展与实践

刘金福 傅大宝 张道智 林志滔 林忠雄 著

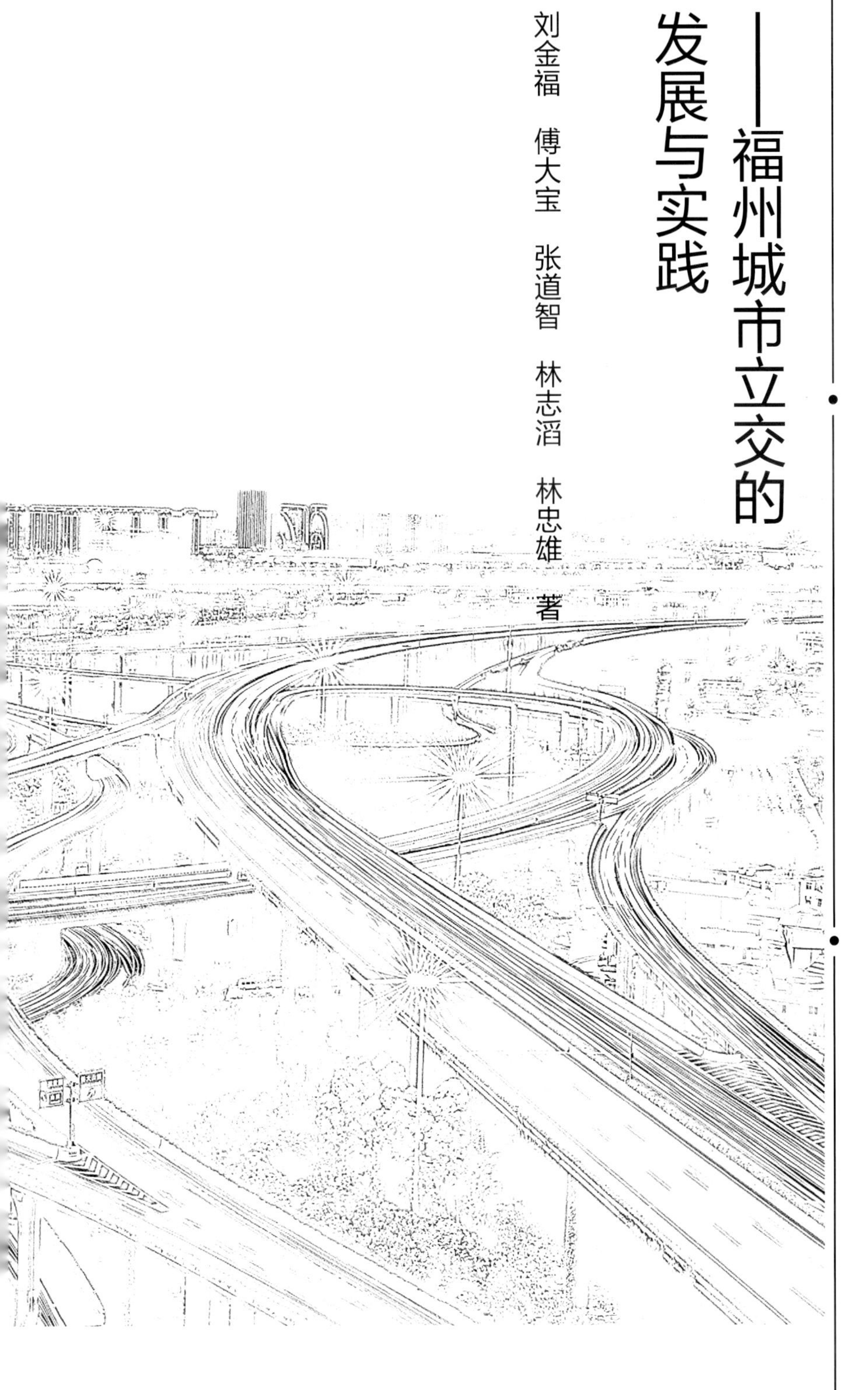

中国建筑工业出版社

审图号：榕图审〔2024〕11号
图书在版编目（CIP）数据

榕城立交：福州城市立交的发展与实践 / 刘金福等著. —北京：中国建筑工业出版社，2024. 6. —（福州市规划设计研究院集团有限公司学术系列丛书）.
ISBN 978-7-112-30010-5

Ⅰ. TU984.257.1

中国国家版本馆CIP数据核字第2024KA1817号

城市立交处在城市交通转换的关键节点，事关城市路网系统的运行效率和交通安全。自1986年福州第一座城市立交建成至今，中心城区已陆续建成近百座立交。福州市规划设计研究院集团有限公司作为一所地方性设计单位，深度参与了福州城市立交“规划策划—设计施工一运营评价”全过程，见证了福州城市立交的发展。本书将福州城市立交的发展历程，以及集团公司长期实践过程的相关经验系统性地加以总结，为福州今后城市立交的建设提供建议，也为南方类似特点的城市立交建造提供经验借鉴，亦希望能够为行业发展提供有益参考。

责任编辑：胡永旭　唐　旭　吴　绫　吴人杰
书籍设计：锋尚设计
责任校对：芦欣甜

福州市规划设计研究院集团有限公司学术系列丛书
榕城立交——福州城市立交的发展与实践
刘金福　傅大宝　张道智　林志滔　林忠雄　著

*

中国建筑工业出版社出版、发行（北京海淀三里河路9号）
各地新华书店、建筑书店经销
北京锋尚制版有限公司制版
北京富诚彩色印刷有限公司印刷

*

开本：889毫米×1194毫米　1/20　印张：9⅖　字数：242千字
2024年8月第一版　2024年8月第一次印刷
定价：**128.00**元
ISBN 978-7-112-30010-5
（42734）

《福州市规划设计研究院集团有限公司学术系列丛书》编委会

总序

福之青山，园入城；

福之碧水，流万家；

福之坊厝，承古韵；

福之路桥，通江海；

福之慢道，亲老幼；

福之新城，谋发展。

从快速城市化的规模扩张转变到以人民为中心、贴近生活的高质量建设、高品质生活、高颜值景观、高效率运转的新时代城市建设，是福州市十多年来持续不懈的工作。一手抓新城建设疏解老城，拓展城市与产业发展新空间；一手抓老城存量提升和城市更新高质量发展，福州正走出福城新路。

作为福州市委、市政府的城建决策智囊团和技术支撑，福州市规划设计研究院集团有限公司以福州城建为己任，贴身服务，多专业协同共进，以勘测为基础，以规划为引领，建筑、市政、园林、环境工程、文物保护多专业协同并举，全面参与完成了福州新区滨海新城规划建设、城区环境综合整治、生态公园、福道系统、水环境综合治理、完整社区和背街小巷景观提升、治堵工程等一系列重大攻坚项目的规划设计工作，胜利完成了海绵城市、城市双修、黑臭水体治理、城市体检、历史建筑保护、闽江流域生态保护修复、滨海生态体系建设等一系列国家级试点工作，得到有关部委和专家的肯定。

“七溜八溜不离福州”，在福州可溜园，可溜河湖，可溜坊巷，可溜古厝，可溜步道，可溜海滨，这才可不离福州，才是以民为心；加之中国宜居城市、中国森林城市、中国历史文化名城、中国十大美好城市、中国活力之城、国家级福州新区等一系列城市荣誉和称谓，再次彰显出有福之州、幸福之城的特质，这或许就是福州打造现代化国际城市的根本。

福州市规划设计研究院集团有限公司甄选总结了近年来在福州城市高质量发展方面的若干重大规划设计实践及研究成果，而得有成若干拙著：

凝聚而成福州名城古厝保护实践的《古厝重生》、福州古建筑修缮技法的《古厝修缮》和闽都古建遗徽的《如翚斯飞》来展示福之坊厝；

凝聚而成福州传统园林造园艺术及保护的《闽都园林》和晋安公园规划设计实践的《城园同构　蓝绿交织》来展示福之园林；

凝聚而成福州市水系综合治理探索实践的《海纳百川　水润闽都》来展示福之碧水；

凝聚而成福州城市立交发展与实践的《榕城立交》来展示福之路桥；

凝聚而成福州山水历史文化名城慢行生活的《山水慢行　有福之道》来展示福之慢道；

凝聚而成福州滨海新城全生命周期规划设计实践的《向海而生　幸福之城》来展示福之新城。

幸以此系列丛书致敬福州城市发展的新时代！本丛书得以出版，衷心感谢福州市委、市政府、福州新区管委会和相关部门的大力支持，感谢业主单位、合作单位的共同努力，感谢广大专家、市民、各界朋友的关心信任，更感谢全体员工的辛勤付出。希望本系列丛书能起到抛砖引玉的作用，得到城市规划、建设、研究和管理者的关注与反馈，也希望我们的工作能使这座城市更美丽，生活更美好！

福州市规划设计研究院集团有限公司

党委书记、董事长

高学珑

2023年3月

前言

1986年，福州第一座城市立交——桥北立交建成，至今已过去近40年。1992年，福州第一座全互通式立交——五里亭立交建成，成为当时福州市的标志性建筑。2003年，福建省第一座快速路相交的枢纽立交——闽江大道立交建成，标志着福建省城市立交建设进入新的发展阶段。2005年，随着福州闽江以北二环路快捷化改造，菱形立交被广泛采用，形成国内独具特色的二环“新加坡”立交模式，有效提升了江北城区路网的运行效率。2009年后，随着福州三环路、接二（环）连三（环）联络线等快速道路建设改造，大批枢纽立交建成，福州中心城区立交系统初步形成，为城市快速道路系统的高效运行提供坚实基础。2015年后，随着城区缓堵项目实施，部分立交扩容改造，进一步疏解了城区交通压力。截至目前，福州中心城区陆陆续续已建成近百座立交。

城市立交处在城市交通转换的关键节点，事关城市路网系统的运行效率和交通安全，具有占地面积大、形式个性强、投资高、施工环境复杂等特点。因此，城市立交的规划布局、选型、工程设计施工等十分重要。福州城市立交虽然在数量、规模体量、建造技术等方面并未全国领先，但具有显著的地方特色。

福州地处东南沿海丘陵地带，建设用地局促、地形起伏大而人口又高度密集。因此，城市立交建设受用地红线严格限制，如何在有限的用地上建造立交，选择合适的立交形式和匝道的展线方式，是立交建造面临的首要挑战。同时，福州是典型的山水城市，山中有城，城中有山，水在城中，城在水边，生态环境优美。除了得天独厚的自然条件外，福州也是国家历史文化名城，历史文化底蕴深厚，城区内文物古迹星罗棋布。因此，如何兼顾生态环境、人文历史等诸多因素，是立交建造面临的又一挑战。此外，福州软土地层深厚，在桥梁、下穿通道等结构物建造、软基处理方面也存在诸多难题。

集团公司作为一所地方性设计单位，从1984年建制至今，承担了福州大部分立交的设计工作，参与了立交“规划策划—设计施工—运营评价”的全过程，见证了福州城市立交的发展。集团市政路桥团队也从当初市政设计室逐渐成长为拥有300余名设计人员的市政交通专业院。回顾福州城市立交近40年的发展历程，感慨颇多。我们将福州城市立交的发展历程，以及长期实践过程的相关经验系统性地加以总结，为福州今后城市立交的建设提供建议，也为南方类似特点的城市立交建造提供经验借鉴，这便是撰写本书的目的所在。

此外，长期以来专家学者的研究、高等院校的基础知识教育大多聚焦在公路立交上，对城市立交的研究较少。然而，城市立交与公路立交存在诸多方面的不同，相关城市立交设计规范也多借鉴公路行业，导致城市立交的理论和技术发展相对滞后，交通“城市病”凸显。本书结合福州城市立交的长期实践经验，总结并提出了一些建议。例如，首次提出“溢出占地”作为立交占地的控制指标，优化立交方案比较的实操性；提出“快捷路”立交的选型要点，明确立A_2类立交的应用场景和该类立交技术指标的控制范围等。希望本书能够为行业发展提供有益参考。

本书共分为八章。第一章整体介绍福州城市立交的发展历程，总结福州城市立交的总体情况以及未来的发展方向；第二章至第五章分别介绍福州枢纽立交、一般互通式立交、菱形立交、环形立交的特点，并选取典型案例进行详细阐述；第六章介绍福州城市立交桥结构的特点；第七章探讨城市立交美学设计的要点；第八章结合福州城市立交实践经验，总结城市立交规划设计建议。

福建省工程勘察设计大师 教授级高级工程师

刘金福

2023年4月于福州

目录

第一章

福州城市立交发展概述

第一节　福州城市立交发展历程

道路立体交叉（简称立交）是伴随着社会经济的增长和汽车工业的发展，在道路平面交叉的基础上产生的一种交通基础设施。利用立交，可消除或减少交通冲突点，保证车流连续快速通过交叉口，提高道路交叉口的通行能力[1]。

城市立交构想最早可以追溯到20世纪20年代。1930年美国芝加哥修建了世界上第一座城市立交，至今已近百年。我国城市立交起步较晚，1964年广州修建了国内第一座城市立交——大北立交，采用双层环形立交形式。福州在1986年修建了省内第一座城市立交——桥北立交，至今已近40年。

城市立交在不同阶段呈现不同的特点。改革开放以来，福州城市历经了1980年、1995年、2010年、2020年等四版城市总体规划以及1995年、2010年、2020年等三版综合交通规划。这些规划对福州城市立交的发展起到了指导性的作用。结合城市规划，福州城市立交的发展基本上可划分为三个阶段：初期阶段（1985～1995年）、发展阶段（1995～2005年）、成熟阶段（2005～2020年）。

一、初期阶段：1985~1995年

1980年，福州开始集中力量编制《福州市城市总体规划（1980—2000年）》[2]。1984年9月，规划获得国务院批准并正式付诸实施。该版规划是新中国成立以来福州第三次城市总体规划，也是改革开放后第一个比较全面、系统、完善的城市总体规划。按照规划，福州城市总体布局为鼓楼、台江、仓山三点串珠单核连片的城市形态（图1-1-1）。

该版规划目标：远期到2000年，中心城人口规模达到75.0万人；城市建设用地面积达到55.0km^2。远景到2010年，中心城人口规模达到103.3万人，城市用地达到78.0km^2。

该阶段福州城市规模较小，城市路网尚未形成（图1-1-2），城市道路建设的重点任务是打通六一路、国货路、白马路等交通干道，理顺城区道路及周围城镇道路与国、省道的关系。道路交叉口采用平面交叉的形式。此时，居民出行以自行车、公交车、步行为主，自行车保有量远大于汽车保有量。因此，机动车和非机动车的相互干扰是交叉口最突出的问题。据当时的统计，典型道路交叉口高峰时段自行车流量达到12000～15000辆/小时，而机动车流量在3600～4200辆/小时之间，扣除摩托车流量后，机动车流量在2300～2700辆/小时。

在此背景下，为解决道路机非干扰问题，在流量较大的三个交叉口建设了城市立交，即桥北立交、洋头口立交和紫阳立交。三座立交均采用当时国内主流的环形立交形式（图1-1-3）。该类型立交是在平面交叉口规划用地建设高架层，将交叉口的机动车引导至高架层，实

现机非分离，解决交叉口机动车与非机动车交通冲突点的问题，具有占地面积小、改造方便等优点。

三座环形立交在运营的二十余年里发挥了重要作用，直至2010年前后，由于城市机动车保有量快速增加，环形立交受其本身通行能力的约束日渐拥堵，甚至“锁死”，逐渐成为城市交通的瓶颈。随着旧城更新改造，三座立交分别于2008年（洋头口立交）、2014年（桥北立交）、2015年（紫阳立交）拆除。

此外，为剥离沿海公路通道国道G104和G324的过境交通，增加火车站与义序机场的交通便捷联系通道，启动建设化工路至白湖亭的连江路（后称为东二环）项目，并同步建设了福建省首座三层全互通式城市立交——五里亭立交（图1-1-4）。该立交于1991年开工，1992年建成。

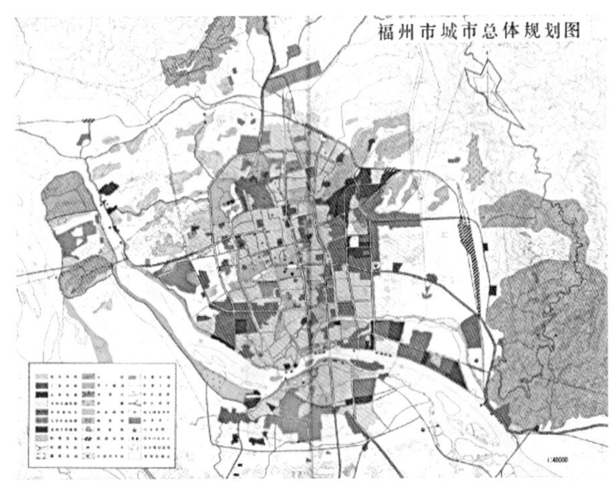

图1-1-1　福州市城市总体规划图（1984年）（图片来源:《福州市城市总体规划（1980—2000年）》）

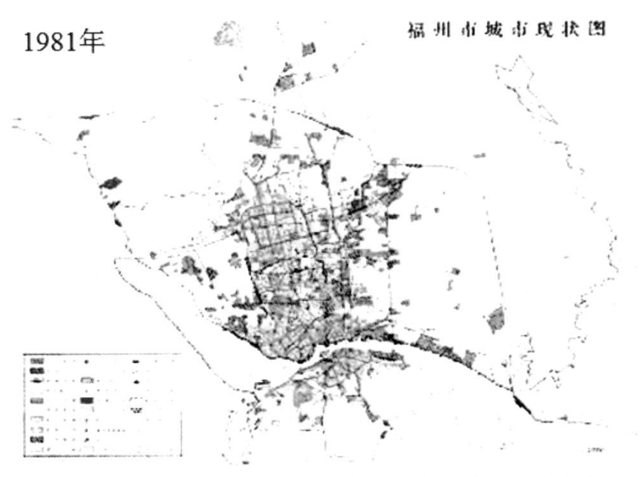

图1-1-2　福州市城市现状图（1981年）（图片来源:《福州市城市总体规划（1980—2000年）》）

图1-1-3　紫阳立交航拍图（摄于2013年）（图片来源：福州市规划设计研究院集团有限公司 拍摄）

图1-1-4　五里亭立交航拍图（图片来源：福州市规划设计研究院集团有限公司 拍摄）

二、发展阶段：1995~2005年

这个阶段是福州扩大改革开放时期，经济发展迅速，城市社会经济面貌发生了重大变化（图1-1-5）。一是福州行政区划进行了重大调整，福州郊区改设晋安区，福清、长乐撤县改市，形成五区八县的行政区划。二是1993年市委、市政府制定了《福州20年经济社会发展战略设想》（即“3820”战略工程）[3]，明确了建设闽江金三角经济圈的战略构想，拉开了城市发展框架。三是机场、港口、铁道、国道和开发区等规划建设对城市的总体发展提出新的要求。

为顺应新形势，1994年福州开展第六次城市总体规划修订（即《福州城市总体规划（1995—2010年）》[4]），对城市布局做出了重大调整。按照规划（图1-1-6），福州城市以中心城为依托，以空港、海港为导向，沿江向海，东进南下，有序滚动发展，形成“一城三组团”的布局结构。“一城”即中心城，“三组团”即马尾组团、长安组团、琅岐组团。中心城采用一个中心区和六个分区的布局，六个分区环绕中心区布置，形成“单中心组团式”的布局结构，六个分区是鼓山分区、新店分区、金山分区、建新分区、仓山分区、盖山分区。

该版规划目标：到2000年，中心城人口规模达到144.0万人，城市建设用地面积达到100.0km^2；到2010年，中心城人口规模达到170.0万人，城市用地达到133.3km^2。与1980年版城市总体规划相比，该版规划的2010年中心城区规模和人口已经扩大近一倍。

在此背景下，1995年版福州中心城道路交通规划首次提出建设福州城市快速道路系统（图1-1-7），奠

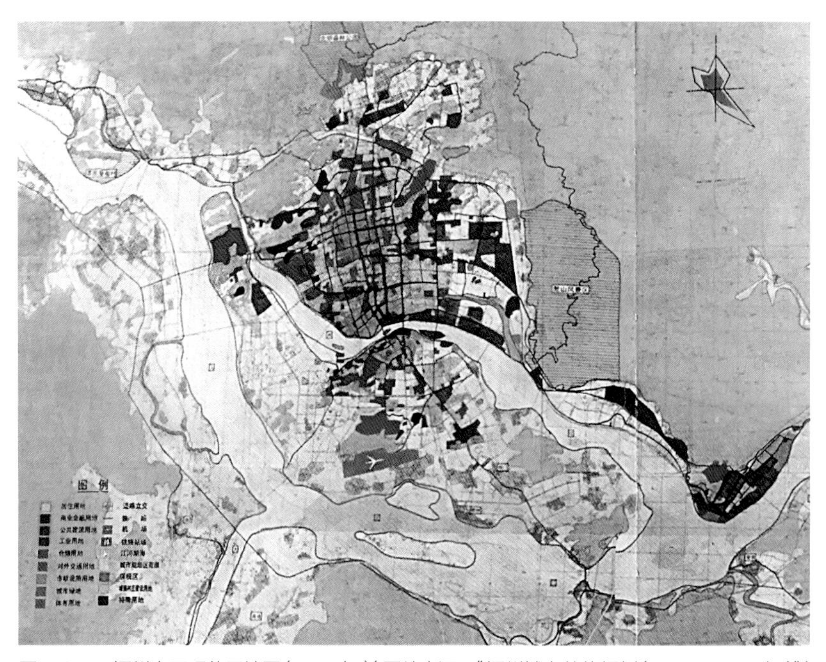

图1-1-5　福州市区现状用地图（1995年）（图片来源：《福州城市总体规划（1995—2010年）》）

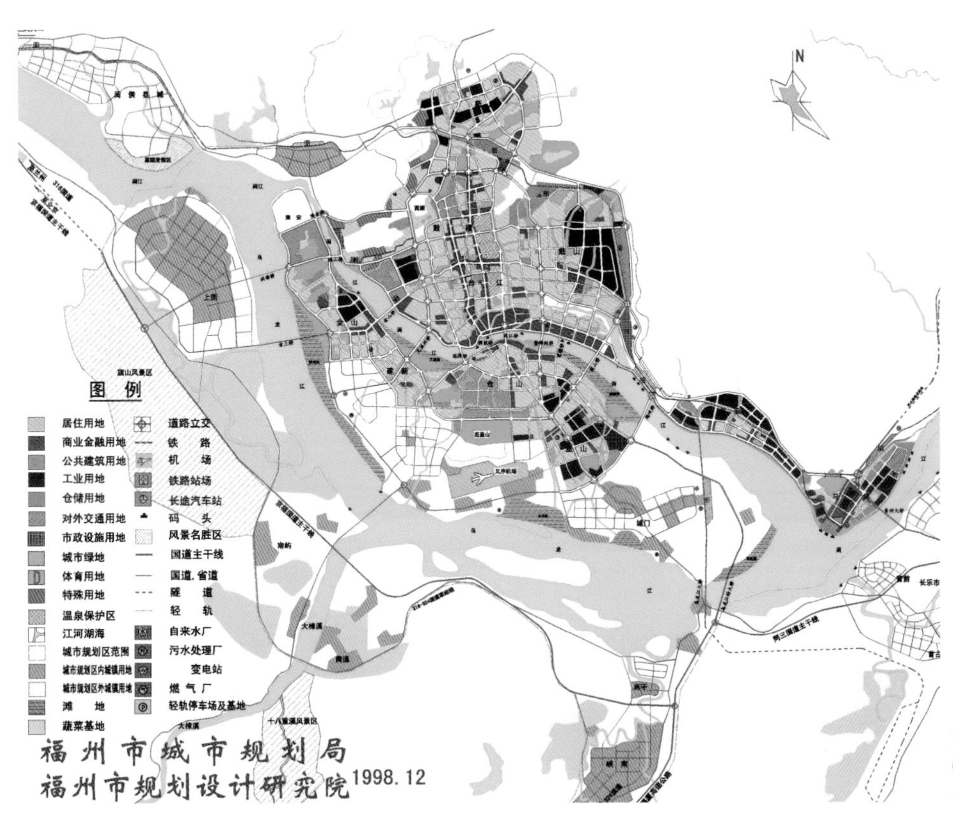

图1-1-6 福州市区总体规划图（1998年）（图片来源：《福州城市总体规划（1995—2010年）》）

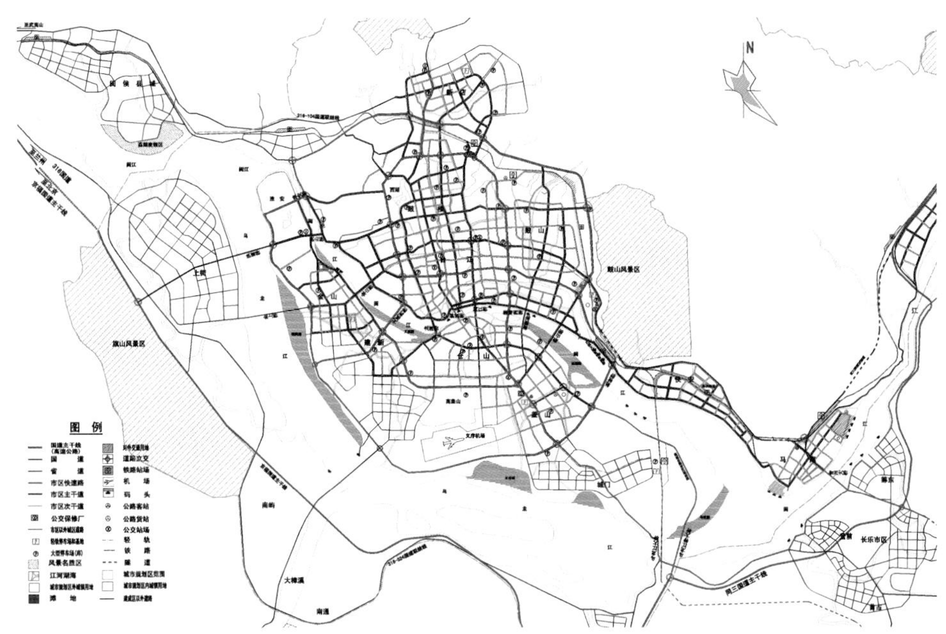

图1-1-7 福州市区道路交通规划图（1995~2010年）（图片来源：《福州城市总体规划（1995—2010年）》）

定了目前福州快速道路系统的总体架构。该版的快速道路系统由二环路、三环路、机场专用道公路、高速公路联络线和东西向的工业—国货路组成。

这一阶段，福州城市道路建设的重点任务是建设二环路。按照规划，二环路共设置18座立交，其中全互通式立交4座，部分互通式立交4座，菱形立交10座。

福州二环路全长28.5km，分三期建设。一期为东二环，利用1994年建成的连江路（化工路至白湖亭），全长7.8km；二期为西北二环（化工路至工业路），于1995年开工，1996年建成，全长11.06km。由于1995年福州中心城道路交通规划尚未编制完成，快速道路系统概念尚未建立，二环一期、二期按照城市主干路的标准进行建设，道路交叉除五里亭立交和三八路路口高架立交外，均按照平面交叉处理。

二环三期[5]，即南二环（工业路至则徐大道），是福州第一条按照主辅路分离、控制出入口等进行建设的城市快速路，也是福建省首条城市快速路，全长9.6km，于2001年开工，2004年建成通车。随着南二环的建设，同步建成了闽江大道立交（图1-1-8）、二环—鹭岭立交、双湖路路口高架、二环—齐安立交、二环—北园立交（后改称为二环—南台立交）、二环—首山立交、二环—盖山立交等一批城市立交。其中，闽江大道立交是福建省首座按快速路相交建设的枢纽立交；二环—鹭岭立交、二环—齐安立交、二环—北园立交为菱形立交；双湖路路口高架、二环—首山立交、二环—盖山立交为分离式立交。

2004年，随着福州闽江以北城区人口规模和汽车保有量的激增，闽江以北二环路通行能力逐渐达到饱和，交通拥堵现象开始逐渐显现。此外，由于早期二环路周边的城市次支路等路网配套尚未完善，使得环绕城市核心区的二环路兼具了次、支路功能，沿线许多小区出入口直接连接二环路，造成二环路交通构成复杂，交通量大，通行能力低，通行速度慢。

为实现中心城区二环路连续快速通行，福州启动了闽江以北二环路提速改造项目[6]。该项目于2004年10月开工，于2005年6月建成通车。闽江以北二环路的改造借鉴了广州“快捷路”的概念，按双向四车道连续流交通进行改造。

图1-1-8　闽江大道立交（2003年）（图片来源：福州市规划设计研究院集团有限公司 拍摄）

由于此时闽江以北二环路周边已楼盘林立，道路规划宽度仅48m，部分路段

42m，建筑退让道路边界线仅3～5m，道路拓宽困难。因此，当时福州二环路的提速改造提出了以下两种模式：

第一种是高架路模式，即在原有二环路上建设高架路，并通过设置落地匝道以满足车辆进出高架路的要求。这种改造模式的优点是能够对快速、慢速汽车和长、短距离汽车出行进行分离。高架路供快速、中长距离汽车连续、快速行驶；地面主干路供慢速、短距离汽车出行，并与周边道路连接。缺点是二环路规划互通立交节点的用地条件差，立交实施难度大；二环路不少路段两侧永久建筑物净距仅48m，难以设置落地匝道，高架路利用率降低，同时高架路造价高、对环境影响大。

第二种是路口高架模式，即在二环路交叉口的内侧车道新增路口高架跨越被交道路形成连续流车道，车辆通过二环路上的地面交织段进出连续流车道。该模式实质上是将平面交叉口改造为菱形立交，其优点是道路能够实现连续交通流，改造方便，见效快，交通转换方便，造价低。缺点是纵断面线形差，出入口一般不控制或标线控制，交通交织路段多，影响二环路的通行效率。

经综合比较，闽江以北二环路提速改造项目采用了第二种模式，即路口高架方案（市民俗称“新加坡”立交模式），共建设11座菱形立交（属于一般立交），跨越14处交叉口。

此外，该阶段福州建成的立交还有三县洲大桥南立交（图1-1-9）及乌山立交（图1-1-10）。两座立交的建设均因两条相交道路标高相差较大，立交依托现状地形进行布置，通过利用立体空间保障节点交通顺畅。这两座立交均属于一般立交。

综上，该阶段城市向外扩张需求加强，相应的交通出行距离加长，结合闽江以北二环路的快捷化改造建成了一批一般立交。同时，结合二环三期快速路建设，对枢纽立交的规划设

图1-1-9　三县洲大桥南立交（图片来源：福州市规划设计研究院集团有限公司 拍摄）

图1-1-10　乌山立交（图片来源：福州市规划设计研究院集团有限公司拍摄）

计也做了一些前期研究和尝试，为福州后续城市枢纽立交的建设奠定了坚实基础。

三、成熟阶段：2005~2020年

这个阶段，福州城市建设范围逐步向金山、浦上、大学城、上街、三江口等区域发展（图1-1-11），福州市中心城区总体格局基本形成。2008年，《福州市城市总体规划（2011-2020年）》[7]开始启动编制，2015年获国务院批复。该版规划确定的中心城区重点发展方向为“东扩南进、沿江向海”，形成“一核心、两新城、三组团、三轴线”的城市空间结构（图1-1-12），“一核心”是指鼓楼区、台江区、晋安区；“两新城”是指南台岛新城、马尾新城；“三组团”是指荆溪、上街南通南屿、青口；“三轴线”是指城市传统服务轴、城市东扩发展轴、城市南进发展轴。

该版规划目标：到2015年，中心城人口规模达到346万人；城市建设用地面积达到300km^2。到2020年，中心城人口规模达到410万人，城市用地达到378km^2。

在此背景下，2009年版《福州市城市综合交通规划》在1995版道路交通规划基础上，补充了外围快速路放射线，形成“环+放射”的快速道路架构（图1-1-13、图1-1-14）。从总体结构上看，快速路的调整延续了单中心扩张的总体思路。截至2020年，福州基本形成了“两环”+“接二（环）连三（环）联络线”的快速道路①网络骨架格局。

这一阶段，福州城市道路建设的重点任务是建设三环路，增加进出城通道，完善城市内部路网。大批枢纽

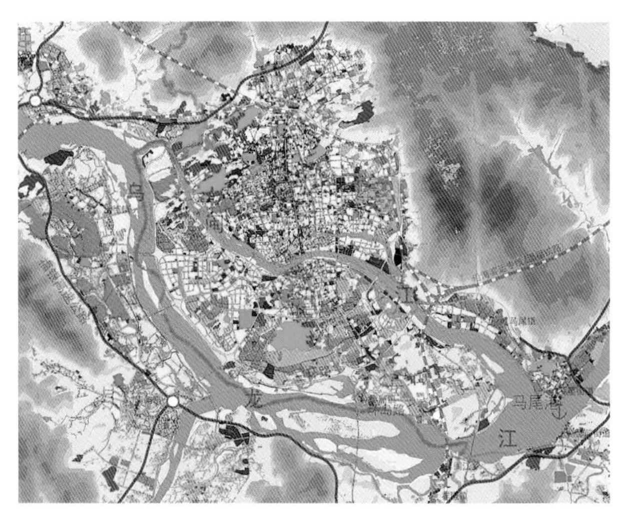

图1-1-11　福州建成区示意图（2017年）（图片来源：《福州市城市总体规划（2011—2020年）》）

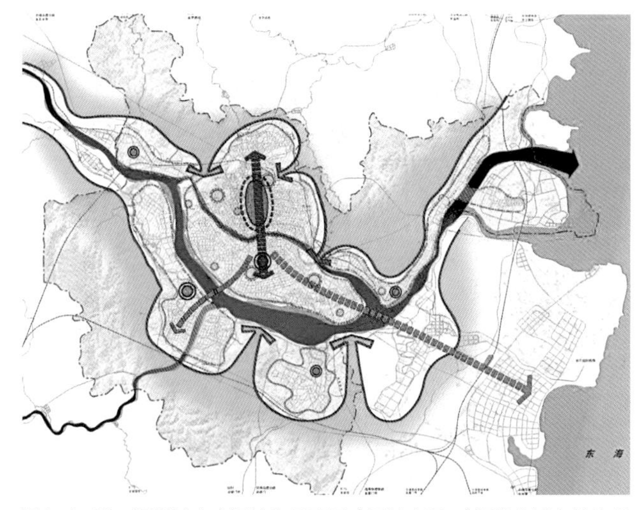

图1-1-12　福州城市空间结构示意图（图片来源：《福州市城市总体规划（2011—2020年）》）

① 快速道路包括快速路、快捷路、不收费高速公路路段。

图1-1-13　福州中心城区路网示意图（2008年）（图片来源：《福州市城市总体规划（2011—2020年）》）

图1-1-14　福州中心城区城市路网示意图（2020年）（图片来源：作者自绘）

立交随三环路以及进出城通道等快速路同步建设，同时既有立交随接二连三联络线及周边路网进行建设改造。

福州三环路全长约50km，分为三期建设：三环一期（亦称“西三环路”）、三环二期（亦称“南三环路”）、东北三环，全线于2011年建成通车。三环一期A段（洪湾北路至浦上大桥段）长度4km，宽度65m，与金山工业园区同步建设，于2003年建成通车。三环一期B段（浦上大桥至湾边大桥段）长度4.2km，宽度65m，与浦上工业园区同步建设，于2008年建成通车。三环二期（湾边大桥至魁岐互通）长度12.76km，宽度79m，于2011年建成通车。东北三环A段（魁浦互通至新店互通段）长度14.6km，于2010年建成通车；东北三环B段（新店互通至洪湾北路）长度14.5km，于2011年建成通车。

三环路全线按主路双向六车道、辅路双向四车道的城市快速路标准建设。东北三环魁岐互通至新店互通段与机场高速公路二期（以下简称“机二高速”）共线；永丰互通至西岭互通段与绕城高速公路共线；西岭互通至新店互通段主路作为福州绕城高速公路与机场高速公路的连接线。三环主路由交通部门组织实施；辅路由市政部门组织实施。除东北三环秀宅互通至化工互通及三环—北站立交至淮安大桥两路段主路为桥隧结构外，其他均为地面式快速路。

三环路全线共设置12座枢纽立交，分别是西岭互通、永丰互通、洪塘立交、橘园洲互通、浦上互通、湾边互通、螺洲互通、秀宅互通，魁岐互通、国货互通、化工互通、新店互通等（图1-1-15）。

其他立交建设改造，一是在接二连三联络线新建了林浦互通；二是对三环路上的湾边互通、洪塘立交、西岭互通等近远期结合或分期修建立交，结合路网建设改造；三是对国货互通、新店互通、二环—五四立交、尤溪洲大桥北立交、二环—双湖立交、二环—南台立交等新增匝道（图1-1-16），进一步加强了立交节点的疏解能力。

综上，该阶段大量枢纽立交随快速道路建设，部分一般立交改造为枢纽立交，福州中心城区立交系统初步形成。

（a）橘园洲互通
（b）永丰互通
（c）魁岐互通
（d）化工互通

图1-1-15　三环沿线部分立交航拍图（图片来源：福州市规划设计研究院集团有限公司 拍摄）

图1-1-16　二环—五四立交改造（图片来源：福州市规划设计研究院集团有限公司拍摄）

第二节　福州城市立交类型

城市立交主要位于城市快速道路系统上。福州中心城区快速道路系统是由快速路、快捷路、不收费高速公路路段等共同组成，包括二环路、三环路、接二连三联络线以及部分外围组团间的联系通道等，总长约177.0km（图1-2-1）。目前，中心城区的快速道路系统中，技术标准能够达到快速路标准的包括南二环路、三环路、环岛路、南台大道、福湾路、东部快速路等，长度约142.0km（含不收费高速公路路段24km）。其他快速道路都是在既有主干路的基础上提升为快捷路。

快捷路是道路系统应对快速城市化发展的产物[8, 9]，是一种特殊的主干路，是指在主干路提升改造过程中将部分车道改造为连续流交通的主干路以及道路技术标准（如设计速度、出入口间距等）无法达到规范规定的快速路标准的主干路。快捷路兼顾了高容量、快速连续和沿线生活出行集散的功能，与快速路、主干路的区别见表1-2-1。

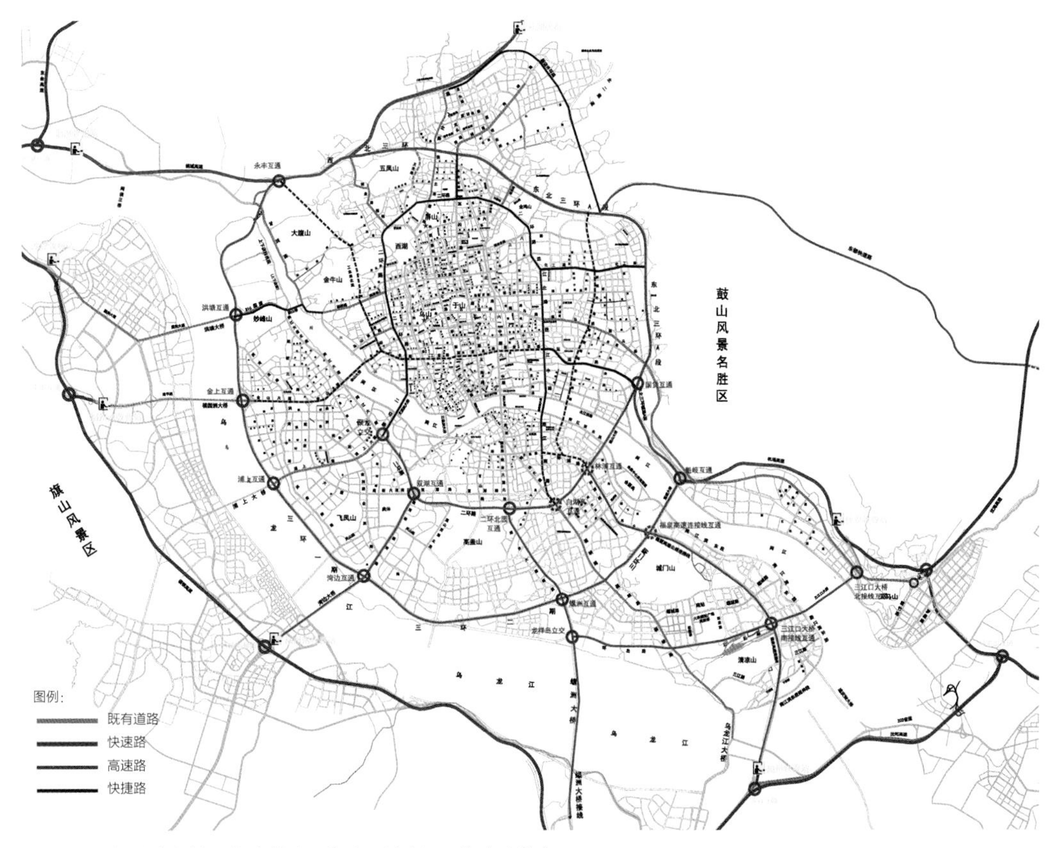

图1-2-1　福州中心城区快速道路系统（图片来源：作者自绘）

快速路、快捷路、主干路的区别 表1-2-1

对比指标	快速路	快捷路	主干路
服务功能	中长距离出行，达到快速目的	中距离出行，达到准快速目的；服务周边地块，连通各组团	服务周边地块，连通各组团
设计速度（km/h）	100，80，60	60，50	60，50，40
交通流形式	主路连续流	部分车道连续流	间断流
横断面形式	主路+辅路	一般无主辅路区分	无主辅路区分
出入口设置	出入口控制	出入口一般不控制	出入口不控制
交叉口交通组织形式	主线立交	部分车道立交	平交

按照《城市道路交叉口设计规程》CJJ 152—2010[10]，城市立交可分为枢纽立交（A类）、一般立交（B类）、分离式立交（C类），其中枢纽立交又分为立A_1、立A_2两类。福州城市立交的选型是在该规范的基础上，结合福州存在较多快捷路的实际情况，对规程中立交选型进行细化（表1-2-2）。

福州城市立交选型 表1-2-2

相交道路等级	CJJ 152推荐类型		福州选用类型	
	推荐类型	可用类型	推荐类型	可用类型
快速路——快速路	立A_1类	—	立A_1类	—
快速路——快捷路	—	—	立A_1类	立A_2类
快速路——主干路	立B类	立A_2类、立C类	立B类	立A_2类、立C类
快速路——次干路	立C类	立B类	立C类	立B类
快捷路——快捷路	—	—	立A_2类	立A_1类
快捷路——主干路	—	—	立B类	立C类
快捷路——次干路	—	—	立C类	立B类
主干路——主干路	—	立B类	—	立B类

注：高速公路参照快速路确定立交类型。

截至2022年12月，福州城区已建枢纽立交24座、一般立交48座，立交分布和类型见图1-2-2和表1-2-3。由于分离式立交数量较多，图中不显示出分离式立交的位置。

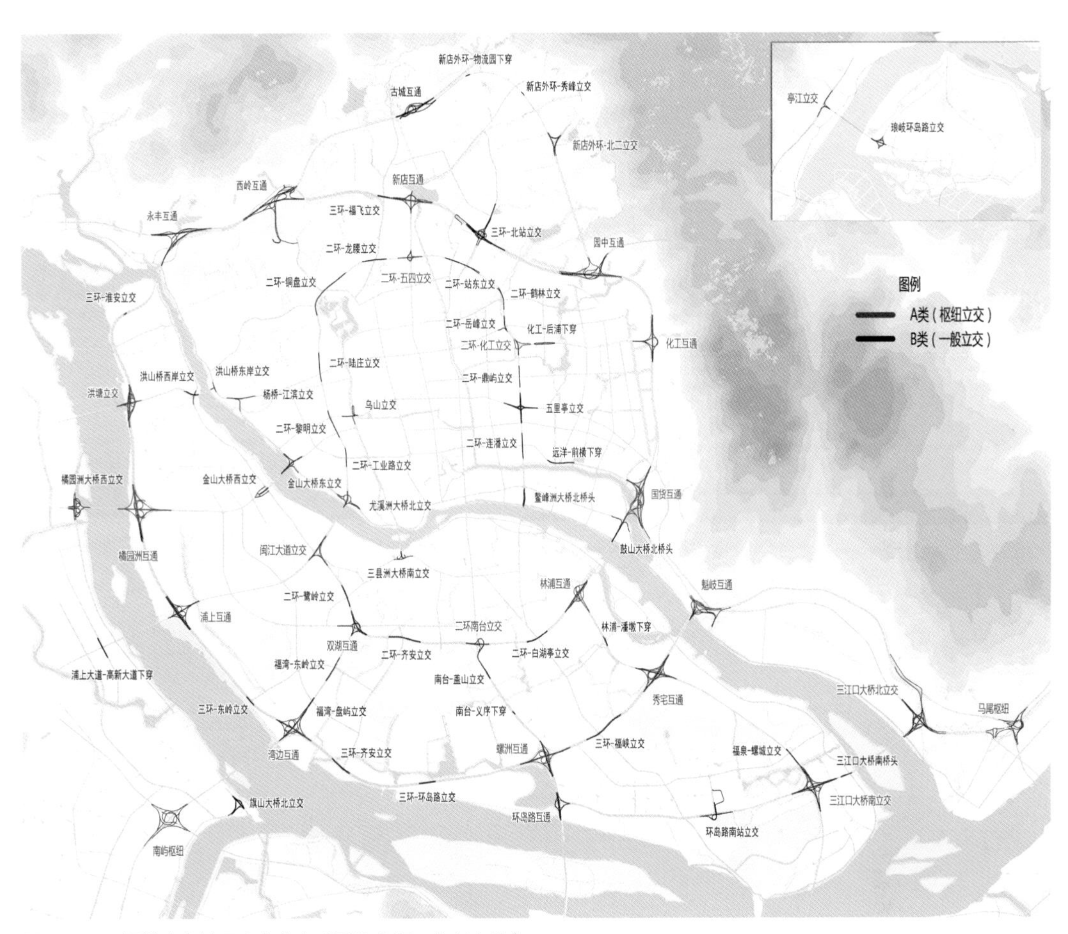

图1-2-2　福州中心城区立交分布（图片来源：作者自绘）

福州立交现状总体情况　　表1-2-3

立交类型		序号	立交名称	相交道路
枢纽立交	A_1	1	西岭互通	北三环路、绕城高速、马鞍山隧道
	A_1	2	永丰互通	北三环路、绕城高速
	A_1	3	湾边互通	西三环路、福湾路—湾边大桥
	A_1	4	螺洲互通	南三环路、南台大道
	A_1	5	秀宅互通	南三环路、福泉高速连接线
	A_1	6	魁岐互通	南三环路、机二高速
	A_1	7	国货互通	东三环路（机二高速）、鼓山大桥北连接线、国货路

续表

立交类型		序号	立交名称	相交道路
枢纽立交	A_1	8	化工互通	东三环路（机二高速）、化工路
	A_1	9	园中互通	北三环路（机二高速）、新店外环路、东部快速路、前横路（规划）
	A_1	10	新店互通	北三环路（机二高速）、五四北路
	A_1	11	闽江大道立交	南二环路—尤溪洲大桥、浦上大道、闽江大道
	A_1	12	双湖互通	南二环路、福湾路、建新大道、北园路
	A_1	13	二环—南台立交	南二环路、南台大道
	A_1	14	环岛路互通	南台大道、环岛路
	A_1	15	三江口大桥北立交	三江口大桥—环岛路、福马路
	A_1	16	三江口大桥南立交	环岛路、福泉高速连接线
	A_1	17	亭江立交	东部快速路、琅岐大桥
	A_2	18	洪塘立交	西三环路、洪塘大桥—妙峰路
	A_2	19	橘园洲互通	西三环路、金山大道—橘园洲大桥
	A_2	20	浦上互通	西三环路、浦上大道—浦上大桥
	A_2	21	林浦互通	鼓山大桥南连接线、林浦路
	A_2	22	新店外环—北二立交	新店外环路、北二通道
	A_2	23	二环—五四立交	北二环路、五四北路
	A_2	24	二环—化工立交	北二环路—东二环路、化工路
一般立交	B	25	二环—连潘立交	东二环路、国货路
	B	26	二环—鼎屿立交	东二环路、福新路
	B	27	五里亭立交	东二环路、福马路
	B	28	二环—岳峰立交	北二环路、横屿路—塔头路
	B	29	二环—鹤林立交	北二环路、鹤林路—湖东东路
	B	30	二环—站东立交	北二环路、华林路
	B	31	二环—龙腰立交	北二环路、福飞南路
	B	32	二环—铜盘立交	北二环路、铜盘路
	B	33	二环—陆庄立交	西二环路、杨桥中路
	B	34	二环—黎明立交	西二环路、乌山西路

续表

立交类型		序号	立交名称	相交道路
一般立交	B	35	二环—工业路立交	西二环路、工业路
	B	36	尤溪洲大桥北立交	西二环路、江滨西大道
	B	37	二环—鹭岭立交	南二环路、鹭岭路
	B	38	二环—齐安立交	南二环路、齐安路
	B	39	二环—白湖亭立交	南二环路、则徐大道
	B	40	三环—淮安立交	西三环路、淮安会议中心
	B	41	三环—东岭立交	西三环路、东岭路
	B	42	三环—齐安立交	南三环路、齐安路
	B	43	三环—环岛路立交	南三环路、环岛路
	B	44	三环—福峡立交	南三环路、福峡路
	B	45	三环—北站立交	南三环路、涧田路—沁河路
	B	46	三环—福飞立交	南三环路、福飞路
	B	47	古城互通	绕城高速、新店外环路
	B	48	新店外环—物流园下穿	新店外环路、物流园
	B	49	新店外环—秀峰立交	新店外环路、秀峰路
	B	50	福湾—盘屿立交	福湾路、盘屿路
	B	51	福湾—东岭立交	福湾路、东岭路
	B	52	南台—义序下穿	南台大道、义序路—叶厦路
	B	53	南台—盖山立交	南台大道、盖山路
	B	54	林浦—潘墩下穿	林浦路、潘墩路
	B	55	化工—后埔下穿	化工路、后埔北路—安亭路
	B	56	远洋—前横下穿	远洋路、前横路
	B	57	福泉—螺城立交	福泉高速连接线、螺城路
	B	58	环岛路南站立交	环岛路、胪雷路
	B	59	杨桥江滨立交	杨桥路、江滨西大道
	B	60	洪山桥东岸立交	杨桥路、甘洪路、洪山大桥
	B	61	洪山桥西岸立交	妙峰路、闽江大道

续表

立交类型		序号	立交名称	相交道路
一般立交	B	62	金山大桥东立交	金山大桥、江滨西大道
	B	63	金山大桥西立交	金山大桥、闽江大道
	B	64	三县洲大桥南立交	三县洲大桥、上渡路、上三路
	B	65	鳌峰洲大桥北桥头	鳌峰洲大桥、鳌峰路—排尾路
	B	66	鼓山大桥北桥头	鼓山大桥北连接线、鳌峰路
	B	67	橘园洲大桥西立交	橘园洲大桥、乌龙江大道
	B	68	浦上大道—高新大道下穿	浦上大道、高新大道
	B	69	旗山大桥北立交	旗山大桥、省道203
	B	70	琅岐环岛路立交	琅岐大桥、环岛路
	B	71	三江口大桥南桥头	三江口大桥、南江滨大道
	B	72	乌山立交	乌山路、白马路

注：1. 洪塘立交为近远期结合项目，妙峰路为主干路，后期改造调整为快捷路。
2. 金山大道为主干路，拟调整为快捷路。
3. 浦上大道规划为快速路，现状为主干路，拟调整为快捷路。
4. 福湾路原为主干路，改造调整为快速路。
5. 林浦路原为主干路，二期项目调为快捷路。

一、枢纽立交

枢纽立交是指城市快速道路之间交叉的交通枢纽节点，其交通特性是各方向主线、转向匝道交通均为连续流，两个方向主线交通无交叉冲突和交织，各转向匝道交通也无冲突和明显交织。枢纽立交立A_1类用于快速路与快速路、快捷路之间转向交通通过匝道直接连接的情况，转向车流能够以较高速度畅行；立A_2类用于快捷路与快捷路立交以及快速路部分转向交通通过集散车道或辅路与快捷路连接的情况。

福州枢纽立交除二环—化工立交分期修建、二环—五四立交和螺洲互通缺少一条右转匝道设外，其余均为全互通式立交。总体上看，立A_1类的立交形式与立A_2类一致，但立A_1类的技术指标取值相对较高。福州已建的24座枢纽立交主要位于三环路、福湾路、南台大道、环岛路、福泉连接线等快速路上，17座为立A_1类，7座为立A_2类立交。

福州枢纽立交一般分快速、慢速两个系统分别布置，快速系统是解决快速路主路或快捷路连续流车道相交问题，按互通式立体交叉布置，以保证车流连续快速行驶；慢速系统是解决快速路辅路或快捷路间断流车道以及人行、非机动车道的相交问题，一般按平面交叉布置在地面层。

二、一般立交

一般立交是指城市快速道路与间断流主干路相交的交通转换节点立交以及因特殊环境条件不得不设置的节点立交①。一般立交大部分为部分互通式，也可为全互通式（福州仅2座，为五里亭立交和橘园洲大桥西立交），其交通流一般是主要道路为连续流，被交道路交通为间断流，部分转向匝道交通允许存在交织运行或平面交叉。福州一般立交主要用在以下三种情况：

（1）间断流主干路与快速道路相交的交通转换节点。这种情况大多采用菱形立交（部分文献称为出入口式立交），即快速路主路或快捷路连续流车道通过路口高架或下穿通道直接跨越被交主干路，而快速路辅路、快捷路间断流车道与被交主干路平面交叉。福州该类一般立交共34座，其中菱形立交31座。

（2）交叉口处因桥头、月台及自然地貌等因素形成较大高差的节点。福州已建的该类立交共12座。其中，9座为桥头立交，因闽江、乌龙江的通航、防洪等要求，跨江大桥引桥与相邻地面交叉有较大的高差，故不得不采用立交形式；2座为月台立交，分别为环岛路南站立交和三环—北站立交，结合邻近快速路立交设置专用匝道接入火车站月台；1座立交为自然地貌形成的交叉口高差而设置的立交——乌山立交，这种立交与桥头立交类似，以下分析把该类型立交归入桥头立交。

（3）尽端式快速道路的过渡式立交。尽端式快速道路通行能力与平面交叉口的通行能力差距过大，为合理过渡交通流，设置立交或多条转向的匝道进行交通集散。福州已建的该类一般立交有杨桥—江滨立交、洪山桥东岸立交2座。

三、分离式立交

分离式立交用于确保快速道路车流不受低等级道路影响的情况，主要道路直接跨越被交道路，与被交道路不设置直接交通转换。分离式立交交通流简单，本书不予重点介绍。

第三节　福州城市立交系统下一步建设发展方向

2019年，福州开展《福州市国土空间总体规划（2021—2035）》[11]编制工作。新一轮

① 节点立交是指为满足单个交叉节点交通转换功能需求而设置的一般互通式立交。

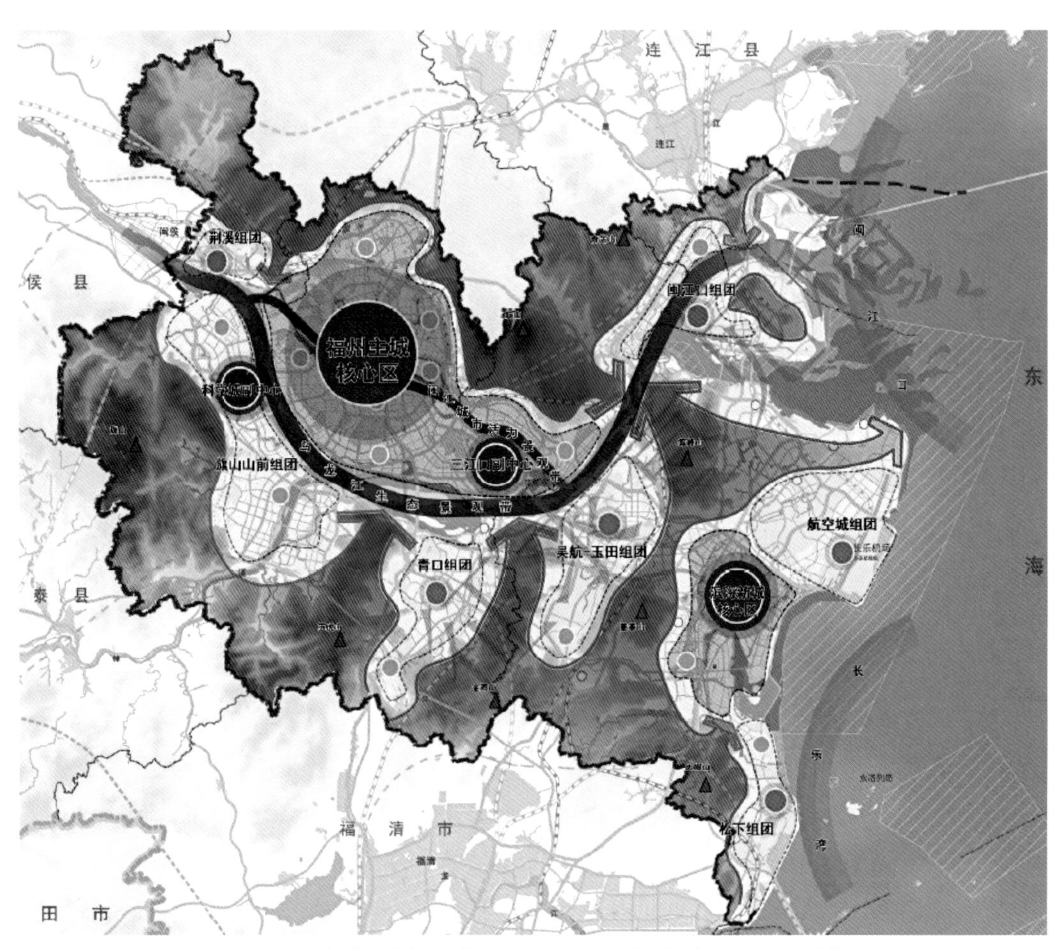

图1-3-1　福州中心城区空间结构规划（图片来源：《福州市国土空间总体规划（2021—2035）》）

的国土空间规划延续“东进南下、沿江向海”的城市空间发展战略，引导城市发展从“单中心”向“多中心、组团式、网格化”转变，构建“一环两带、两核两心七组团”的中心城区空间结构（图1-3-1）。“两核”是指福州主城核心区、滨海新城核心区；“两心”是指三江口副中心、科学城副中心；“七组团”是指荆溪、旗山、青口、吴航—玉田、闽江口、航空城、松下。按照该版规划，到2035年，中心城区城镇建设用地582.6km^2，城镇人口589万人。

在此背景下，2020年版《福州城市综合交通规划（2020—2035）》的城市道路规划，重点加强福州主城与滨海副城及福清方向的快速交通联系，强化主城环路间快速联络通道，包括：

（1）增加东西向、南北向的贯通快速道路系统建设，如东南快速路、机场第二高速、滨海新城高速、青江快速路、前横南北向通道、工业一国货路东西向通道、南台岛东西向快速通道等。

（2）将二环、三环之间的既有主干路提升为快捷路，形成2.5环。福州二环路处在福州主城的核心区范围，对既有二环路扩容争议性较大且工程实施难度大。因此，利用二环、三环之间既有的主干路，将其提升为快捷路形成2.5环越来越有共识。

（3）利用城区周边高速公路的部分段落构建福州四环路。随着三环路交通日渐饱和，三环外围土地开发强度不断提升，以及城区周边高速公路外移，结合现有高速公路部分段落构建四环路的规划设想逐渐成熟。

（4）完善临江主干路提级改造，均衡过江桥梁的交通流。从当前实际交通流量情况来看，中心城区段现跨闽江8座桥梁日均服务48.8万辆车次，尤溪洲大桥占30%，三县洲大桥占5%，解放大桥占1%，有必要进行合理调配，均衡各过江通道交通。

（5）新增乌山过江通道、白马过江通道，缓解二环路压力。二环日均服务40万辆车次，说明其在城区道路运行中发挥重要作用，受其红线及周边用地限制，下一阶段应进一步研究外围疏解通道，从系统上解决二环、三环通行能力不足的问题。

福州城市立交下一步将结合城市快速道路系统的扩容和改造逐步实施，主要开展以下几个方向的研究：

（1）城区周边新增的快速路受山水阻隔，服务面小，交通出行距离大，服务交通对象相对单一，应重点开展这类郊野型快速路立交规划和设计的前期研究。

（2）结合绕城高速公路路段改造为城市快速路规划，开展既有立交节点改造，新增立交节点的前期研究。

（3）结合主干路快捷化改造，开展立A_2类立交的选型和交叉口用地红线控制的研究。

（4）对于成熟的建成区立A_2类立交，用地条件一般为既有平面交叉口范围，立交技术指标较低，应对已建该类立交的使用情况进行综合分析和评价，为后续立交建设提供技术支撑。

第二章

福州枢纽立交

第一节　立交形式

按照相交道路数，立交可分为三路立交、四路立交和多路立交。福州枢纽立交目前只有三路立交和四路立交两种形式。其中，三路枢纽立交14座，四路枢纽立交10座。

一、三路立交

福州市三路枢纽立交包含两类路口形式：一类是三岔路口；另外一类是多岔（四岔及以上）路口，其中三岔为快速道路，其他岔路为主干路及以下等级的间断流道路。对于多岔路口的三路立交，间断流道路与快速道路间一般设置部分互通或与快速道路的辅路平面交叉，弱化间断流道路互通性，以降低立交的规模。这类三路立交对整个交叉口而言，虽然是部分互通式立交，但对三岔快速道路来说是全互通式立交，因此仍归入三路枢纽立交。

三路全互通式立交按照外形划分，主要有小Y形、大Y形、梨形、喇叭形、叶形等五种基本形式（图2-1-1）。其中叶形立交因其两条左转匝道交通存在交织，且占地大、线形指标低，仅作为三路全互通式立交的一种理论形式存在，极少在国内城市枢纽立交中单独应用。

福州已建的14座三路枢纽立交中，小Y形立交3座，大Y形立交2座，梨形立交7座，喇叭形立交2座。

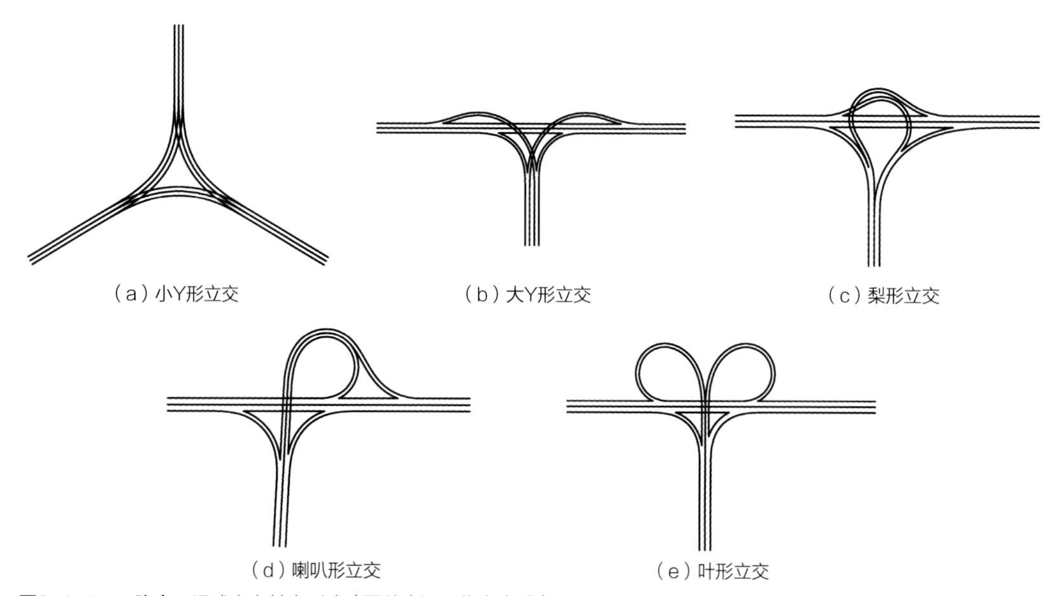

图2-1-1　三路全互通式立交基本形式（图片来源：作者自绘）

（a）闽江大道立交

（b）新店外环—北二立交

（c）魁岐互通

图2-1-2 福州小Y形立交（图片来源：福州市勘测院有限公司 拍摄）

1. 小Y形立交

小Y形立交是两条相交道路的左转交通通过定向匝道直接连接。其优点是结构紧凑，立交中央区占地[①]面积小，匝道线形标准高；缺点是左出左进的匝道布置形式与传统驾驶习惯不符，且立交多层节点多而分散，桥梁工程量大，适用于相交道路等级均较高、各个方向交通量大致均衡，按照双主线设计的交叉节点。小Y形立交通常需要主线上下行错层布置，对于路段高架的相交节点，由于调整主线高度对立交桥梁工程规模影响不大，因此小Y形立交适用于与高架道路或路段高架的相交节点。

3座小Y形立交分别是闽江大道立交、新店外环—北二立交和魁岐互通（图2-1-2）。

闽江大道立交位于二环路跨越闽江大道与浦上大道形成的五岔交叉口，于2003年建成通车。二环路为双向六车道快速路，浦上大道为规划双向六车道快速路，闽江大道为主干路。立交按二环路与浦上大道两条道路Y形交叉的枢纽立交布置，闽江大道与两条道路的辅路或平行匝道连接。立交主线为二环路—尤溪洲大桥方向，线位较高，高架路段较长，便于主线上下行错层布设。闽江大道立交的方案特点是主线线形和车道数均与南二环快速路标准匹配，匝道短且线形标准较高，立交中央区占地面积小。该立交至今已运营20年，目前尤溪洲大桥方向合流交通高峰时段拥堵严重。

新店外环—北二立交为两条双向六车道城市快捷路Y形交叉节点，各转向交通量相对均衡，加之用地合适，也采用小Y形立交，于2022年建成通车。

魁岐互通为非标准型小Y形立交，位于机二高速与东三环路共线前的三路T形交叉节点上，于2011年建成通车。三环路方向和机二高速—三环路（东）两个方向流量大，量值相当，按机二高速与三环路双主线设计。该立交魁浦大桥、三环路（东）主线为双向八车道（含辅助车道），三环路方向左转匝道为单向两

① 立交中央区占地是指以分流鼻端为起点（同条道路若有多个分流鼻，以远端分流鼻为起点），采用直线或简单弧线划定形成的范围。

车道，机二高速合流前单向三车道变二车道，合流车道数匹配。立交范围机二高速—三环路（东）主线为“高架—隧道—高架”形式，上下行错层布线便于魁浦大桥左转交通合流并入三环路（东）方向。机二高速—魁浦大桥的左转匝道采用右出右进的半定向匝道。由于该立交三个方向分别接魁浦大桥、魁岐隧道和机二高速，难以通过设置路段出入口与江滨大道连接，故在枢纽立交内设置了与江滨大道联系的6条匝道（实际实施5条），形成复合式立交①，详见本章第五节。

2. 大Y形立交

大Y形立交是在小Y形立交的基础上将左出左进主线的定向匝道调整为右出右进，是小Y形立交的变化形式，同属于全定向式立交②。大Y形立交的优缺点和适用范围与小Y形立交基本一致，不同的是主线不必错层，匝道进出主线一般采用右进右出的方式，符合传统驾驶习惯。

两座大Y形立交分别是永丰互通、亭江立交（图2-1-3）。

永丰互通位于绕城高速与三环路共线后分叉的三路T形交叉节点上，按绕城高速与三环路双主线设计。该立交分属交通和市政两个部门建设，绕城高速于2010年建成，而立交随三环路同步建设，于2011年建成通车。绕城高速与三环路共线段的主线为双向八车道（含

（a）永丰互通

（b）亭江立交

图2-1-3　大Y形立交案例（图片来源：福州市勘测院有限公司 拍摄）

① 复合式立交是指快速路辅路或主干路通过匝道直接接入立交快速系统所形成的立交形式。

② 目前行业标准和相关文献没有明确定向式立交和半定向式立交的判断标准，本书以匝道在交叉口理论交叉点内外侧加以区别。匝道在理论交叉点内侧为定向式立交，反之则为半定向式立交。

辅助车道），绕城高速主线为双向六车道，三环路匝道按双向四车道布设。由于三环主线方向流量高于绕城高速方向，车道分配与交通量不匹配，使得目前三环方向主路高峰期分合流①处交通不畅。

亭江立交位于东部快速路与琅岐大桥西引桥（快捷路）的T形交叉节点上，于2013年建成通车。东部快速路紧邻福温铁路，为地面式快速路。交叉口各方向设计流量悬殊，东部快速路直行和东部快速路（福州）至琅岐大桥两方向流量大，量值相当，立交按双主线设计。东部快速路（福州）至琅岐大桥方向设置双向四车道的定向匝道，东部快速路（连江）至琅岐大桥方向布设左出右进的定向左转匝道。

3. 梨形立交

梨形立交在福州市快速道路系统三路枢纽立交中应用较多。相比大Y形立交，梨形立交两条半定向左转匝道相交点向其中一条左转匝道与主线连接部附近偏置，平面线形组合相对柔和，整体造型对称、均衡、美观。该类型立交两条左转匝道在不同位置穿越主线，从美观的角度考虑，一般把主线置于上层。

7座梨形立交分别是二环一化工立交、化工互通、新店互通、环岛路互通、双湖互通、三江口大桥北立交和园中互通（图2-1-4）。其中，二环一化工立交按分期建设，仅建成一对左右转匝道，现为部分互通立交，因此图中未展示。

化工互通位于东三环路与化工路（快捷路）的T形交叉节点上，于2011年建成通车。三环路主线高架布设在三层，化工路布设在二层，地面层为辅路环形平面交叉。两条紧邻的半定向匝道曲线贴合鼓山山凹地形，与周边环境高度融合，景观效果佳。

新店互通位于五四北路跨铁路高架桥与三环路的交叉节点上，于2011年建成通车，为四岔路口的三路枢纽立交。五四北路（南）为接二连三联络线（快捷路），五四北路（北）为城市主干路。五四北路北向交通通过环形平面交叉口和三环路主辅路出入口进出三环主路。由于三环路主辅路出入口离立交节点较远，2018年在该立交内三环路（东）增设了与地面辅路相连的落地匝道，便于北向交通转换，形成复合式立交。

环岛路互通位于福州南台大道（螺洲大桥北引桥，快速路）与环岛路形成的十字交叉，于2019年建成通车。环岛路东向为快速路，西向为城市主干路。交叉口紧邻乌龙江和帝封江，环岛路直行交通通过辅路与地面平面交叉口连接，受拟建螺洲大桥主桥高度限制，两条左转匝道从主线（引桥）上方跨越，一定程度上阻挡了远眺南部五虎山景区的视线，立面景观效果受到影响。因建设时序、主桥高度和项目统筹等因素，环岛路直行路口高架未能与立

① 分合流是指在两条快速道路共线处或快速道路分岔处，为适应大交通量运行，在分岔或合岔处布置多车道匝道而形成的端部。

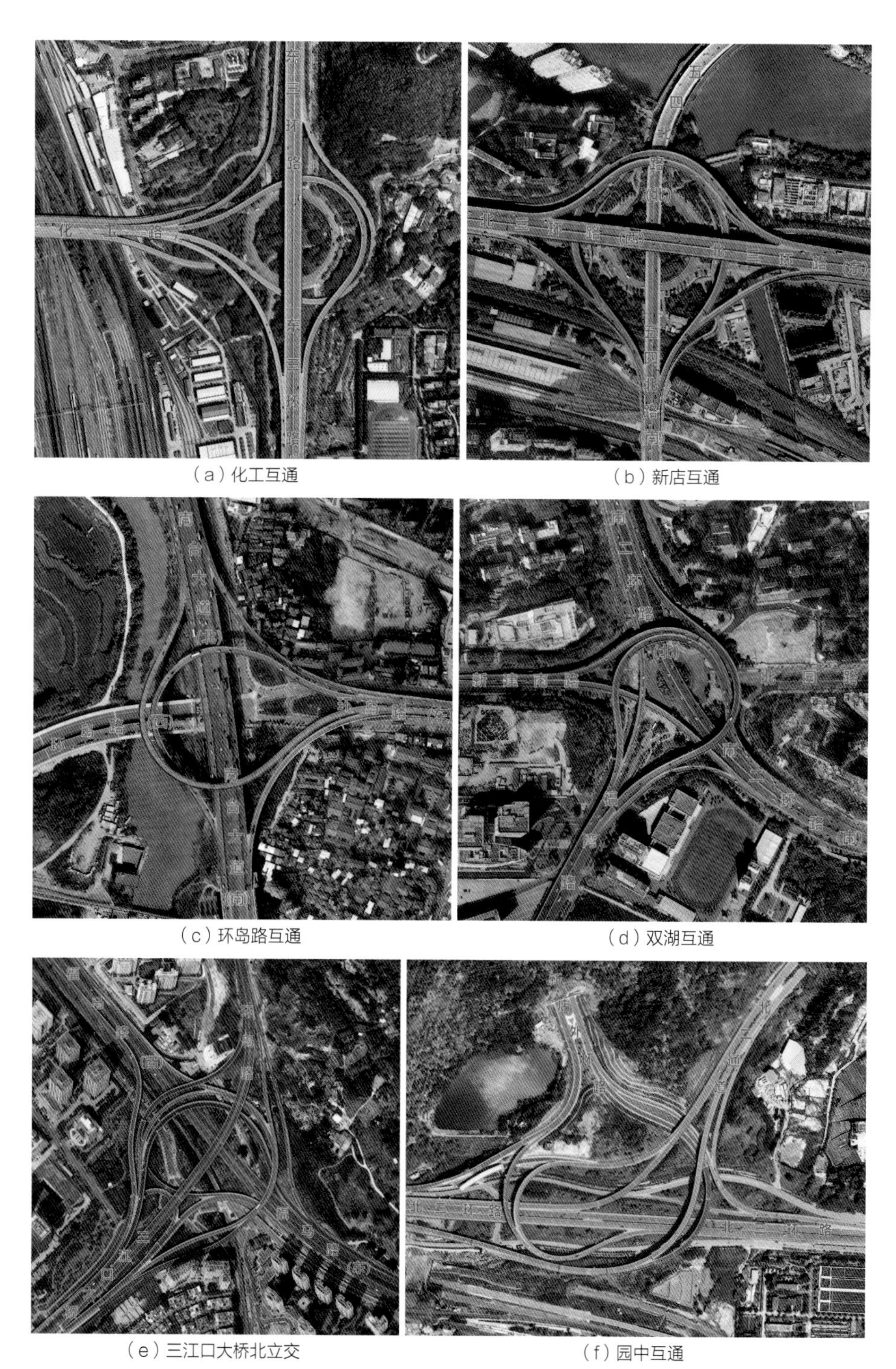

（a）化工互通
（b）新店互通
（c）环岛路互通
（d）双湖互通
（e）三江口大桥北立交
（f）园中互通

图2-1-4　梨形立交案例（图片来源：福州市勘测院有限公司 拍摄）

交同步建设，使得该节点交通的应变能力受到一定影响。

双湖互通位于既有南二环路双湖路口高架跨越建新大道、北园路、福湾路及北园支路（村道）的多路环形交叉节点上。该节点原为分离式立交，因福厦高速复线接入福湾路以及福湾路西侧用地调为海峡奥体中心等因素，福湾路的道路标准由主干路调整为双向六车道高架快速路。因此，将既有分离式立交改造为三路枢纽立交。

根据相交道路的性质，该节点按多路岔口的三路枢纽立交设计，即按二环路与福湾高架路的三路枢纽，其他相交道路与快速路辅路地面平面交叉进行改造。枢纽立交采用梨形立交方案，考虑到地面系统通行能力不足，立交在建新大道与二环路（东）方向设置两条匝道，形成复合式立交。

双湖互通于2013年8月开工，2015年2月建成通车。近年来福湾路右转二环路（东）匝道高峰时段出现拥堵现象，主要原因是双向六车道二环主路高峰时段饱和，福湾路右转车辆难以并入二环路。

三江口大桥北立交位于三江口大桥北引桥（快速路）与福马路形成的十字交叉上，于2014年开工建设，2019年建成通车。福马路（东）为快捷路，福马路（西）为城市主干路。立交采用梨形立交形式，考虑到三江口大桥与福马路（西）和邻近江滨路交通转换需求较大，各设置了两对连接该方向的匝道，形成复合式立交。目前，三江口大桥北立交交通运行状态良好。

园中互通位于东部快速路、北二通道（快捷路）、前横路（主干路，拟调整为快捷路）接入既有东三环快速路的五路交叉口，于2021年建成，目前前横路接三环路尚未设计施工。东部快速路和北二通道分不同业主建设，并存在时间差。两个项目均采用梨形立交，相互叠合形成双梨形立交。由于该立交受用地和隧道的限制，缺失了预测流量较小的东部快速路与北二通道的交通转换功能。

除上述6座枢纽立交外，福州还有1座城区内高速公路枢纽立交，即机二高速与沈海高速的马尾枢纽（图2-1-5）。马尾枢纽为机二高速（市区段）接入沈海高速形成的枢纽立交。受周围用地条件限制，枢纽在既有沈海高速马尾落地互通（2001年建成）的基础上建设三路枢纽立交。通过适当改造既有沈海高速落地互通出入口规模和位置，形成与沈海高速既有互通共出入口的双梨形立交。该立交于2009年建成，目前运行状态良好。

图2-1-5　马尾枢纽（图片来源：福州市勘测院有限公司 拍摄）

4. 喇叭形立交

喇叭形立交在福州新建的立A_1类枢纽立交中

没有应用，已建的2座喇叭形立交，即二环—南台立交和二环—五四立交（图2-1-6），是在二环路菱形立交改造为三路立交过程中采用的。典型喇叭形立交匝道只有一处与主线交叉，优点是跨线构筑物少，造价相对较低；缺点是立交在一个象限上占地较大，环形匝道半径较小，运行速度和通行能力较低。

二环—南台立交位于南台大道与南二环路的十字交叉节点上，于2019年建成通车。南台大道（南）为快速路，南台大道（北）为主干路，按三路枢纽的立A_1类标准建设。枢纽立交利用东北象限绿地布设环形匝道，设计速度为40km/h，最小半径为60m。两条左转匝道喇叭口正对既有人字坡的二环路南台路口高架（双向六车道）中心对称布置，以保证既有地面交叉口的通行净空。由于福州市南二环路高峰小时交通量已饱和，该立交二环路出入口常有交通滞留情况。

二环—五四立交位于福州市北二环路与五四北路十字相交节点上，于2017年建成通车。五四北路（北）为接二连三联络线（快捷路），五四北路（南）为主干路。立交按立A_2类枢纽立交标准对原二环路菱形立交进行改造，立交环形匝道设计速度为30km/h，最小半径为35m。现状路口高架为人字坡，双向四车道，钢结构桥梁。立交两条左转匝道喇叭口正对人字坡路口高架中心对称布置，出入口引桥引道段各拼宽一个车道，以便两条左转匝道交通的有序集散，拼宽车道也采用钢结构与旧引桥有机连接，该互通属部分互通立交，缺失了北—西向右转匝道，由地面平面交叉口组织右转交通，目前运行状态良好。

拟建的前横—鹤林立交（图2-1-7）也采用喇叭形立交，按三路枢纽的立A_2类标准建设。

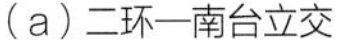
（a）二环—南台立交

（b）二环—五四立交

图2-1-6 喇叭形立交案例（图片来源：福州市勘测院有限公司 拍摄）

5. 三路立交选型小结

三路枢纽立交最常用的形式是梨形立交，其次是大Y形立交和喇叭形立交，最后是小Y形立交。

与梨形立交相比，大Y形和小Y形立交线形标准较高，立交中央区占地面积小，但立交多层节点多而分散，大Y形立交层次多达四层，结构工程量大，一般适用于与高架快速道路相交的三路交叉。对于两条地面式快速道路相交的三路立交，采用大Y形或小Y形立交会导致层数过多，工程规模大，立交显得突兀、不协调；而且对于四岔路口的三路立交，大Y形和小Y形立交不便于被交道路布设主线直行的路口高架。

图2-1-7　前横—鹤林立交效果图（图片来源：福州市规划设计研究院集团有限公司 绘制）

梨形立交和喇叭形立交均适用于地面式快速路相交。与喇叭形立交相比，梨形立交经常被选用，主要有以下原因：

（1）梨形立交两条左转匝道的线形标准比喇叭形立交高且均衡。以环岛路立交为例（表2-1-1），梨形立交方案的左转匝道最小半径为100m，而喇叭形立交环形匝道的半径为60m。因此，从技术标准角度，一般选择梨形立交。

梨形立交与喇叭形立交指标比较（环岛路立交）　　**表2-1-1**

	梨形	喇叭形
平面造型		
左转匝道（最小半径）	半定向（100m）	内环（60m），外环（75m）
右转匝道最小半径	220m	180m
最大纵坡	匝道3.43%	匝道3.72%
总占地面积（公顷）	15.56	16.04
溢出占地面积（公顷）	2.94	3.42
桥梁面积（m^2）	56999	51970

注：本表引自环岛路立交设计方案比较的实例。表中图片由福州市规划设计研究院集团有限公司绘制。

（2）梨形立交的溢出占地面积不一定比喇叭形立交大。城市立交中两条快速道路相交，其辅路往往在地面平面交叉，本身需要一定的占地。枢纽立交匝道占地是在平面交叉口占地基础上额外增加的溢出占地。实践表明，梨形立交的溢出占地往往不比喇叭形立交多。同样以环岛路立交为例，采用喇叭形立交的溢出占地约为3.42公顷，而采用梨形立交方案的溢出占地约为2.94公顷。

（3）梨形立交的工程规模与喇叭形立交相差不大。典型的公路二层式喇叭形立交，因其主线仅单点跨越被交道路，主线桥梁规模比梨形立交小得多。而对一般城市地面式快速路立交，主要道路一般设置在三层，被交道路设置在二层，采用喇叭形立交和梨形立交，工程规模相差不大。若主要道路布置在二层，为保证地面式快速路的辅路交叉口净空，喇叭形立交的主要道路一般按三段坡布置。由于快速路最小设计坡长较长，立交主要道路的长度一般不会比布置在三层的短，所以桥梁规模相当。计入位于三层的被交道路主线工程规模，喇叭形立交主线工程规模有可能比梨形立交大。因此，尽管梨形立交匝道工程规模略大，但梨形立交的工程规模与喇叭形立交应该相差不大。

（4）梨形立交比喇叭形立交更适合四岔及以上的三路枢纽。对四路交叉的三路枢纽立交而言，梨形立交可以便捷地解决被交道路高架跨越地面交叉口，如新店互通。而对于喇叭形立交，若要解决被交道路快速直行，就需要半定向左转匝道穿越该主路或采用被交道路上下行错层，造成匝道和主线纵断面指标降低。

二、四路立交

四路立交因四条左转匝道的线形和所处象限不同而组成众多形式。理论上，四路立交有多种组合形式，但考虑到实用价值，实际常用的形式并不多。四路枢纽立交的基本形式有全定向式、苜蓿叶形（单环苜蓿叶形、同侧双环苜蓿叶形、对角双环苜蓿叶形、三环苜蓿叶形、全苜蓿叶形）、涡轮形立交等类型，见图2-1-8。

福州市已建的10座四路枢纽立交中，没有定向式立交、涡轮形立交的案例，全部都是苜蓿叶形立交。城区内高速公路南屿枢纽采用涡轮形立交。

1. 全定向式立交

定向式立交一般为采用全定向匝道的五层式立交，如上海的延安路与南北高架立交。该类型立交溢出占地面积小，匝道线形标准高，但立交层次多，跨线构筑物多，造价高，适用于交通量大、用地局促的两条高架路交叉节点。福州目前没有应用案例。

2. 苜蓿叶形立交

苜蓿叶形立交在四路枢纽立交中应用较多，福州城区该类已建成立交中，单环苜蓿叶形

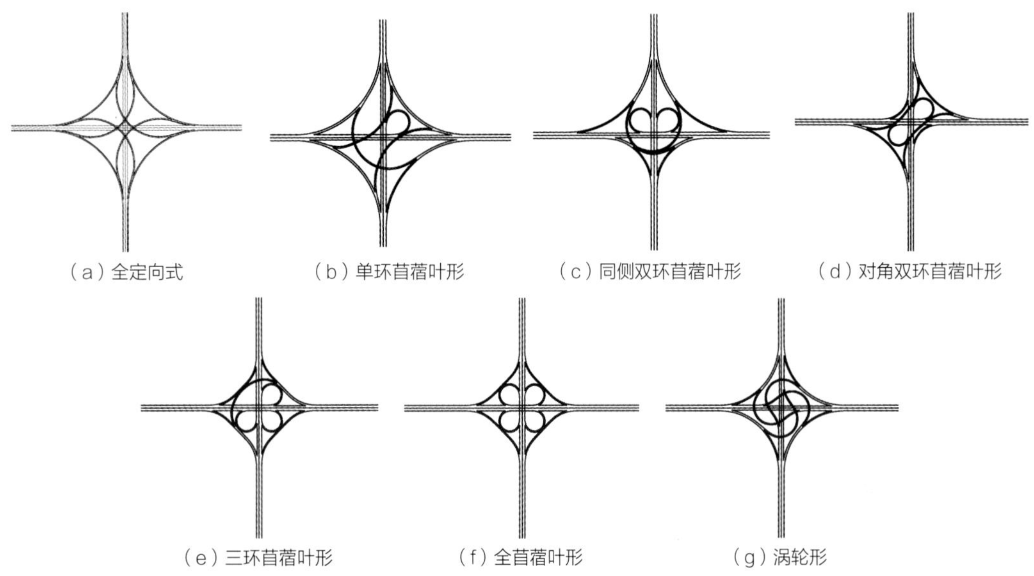

图2-1-8　四路枢纽立交基本形式（图片来源：作者自绘）

立交4座，同侧双环苜蓿叶形立交4座，对角双环苜蓿叶形立交2座，未有三环苜蓿叶形立交和全苜蓿叶形立交的工程案例。苜蓿叶形立交中环形匝道通常布设在转向车流量不大且用地条件充裕的象限内。同侧双环苜蓿叶形立交、三环苜蓿叶形立交和全苜蓿叶形立交均存在主线外侧交织交通，一般需通过设置集散车道将环形匝道之间的交织区与主线隔离，设计通行能力小，占地规模大，一般不建议采用这几种苜蓿叶形立交。

（1）单环苜蓿叶形立交

4座单环苜蓿叶形立交分别为三江口大桥南立交、秀宅互通、国货互通、洪塘立交，见图2-1-9。其中，三江口大桥南立交位于环岛路与福泉高速连接线的交叉节点上；秀宅互通、国货互通、洪塘立交分别位于三环路与福泉高速连接线、国货路、妙峰路等三条城市主要射线的交叉节点上。

三江口大桥南立交和秀宅互通在方案设计阶段，因对角双环苜蓿叶形立交方案征迁面积大、主要匝道技术指标低而没有被采用。国货互通为四路K形交叉口，根据交叉口用地特点，采用三路A型喇叭和三路半定向（梨形）叠合的立交形式。洪塘立交的同侧双环苜蓿叶立交方案需迁移220kV电力铁塔且因近远期结合修建，匝道布设不够紧凑，美观上也不具优势，而未被采用。

秀宅互通和国货互通于2011年建成通车。洪塘立交按近远期结合建设，先期工程于2011年建成通车，2021年随洪塘大桥重建项目同步改造为枢纽立交。三江口大桥南立交于

（a）三江口大桥南立交　（b）秀宅互通
（c）国货互通　（d）洪塘立交

图2-1-9　福州单环苜蓿叶形立交（图片来源：福州市勘测院有限公司 拍摄）

2023年部分匝道建成通车。

（2）同侧双环苜蓿叶形立交

4座同侧双环苜蓿叶形立交（图2-1-10）为橘园洲互通、浦上互通、螺洲互通、湾边互通，分别位于三环路与金山大道、浦上大道、南台大道、福湾路等城市主要射线的交叉节点上。

橘园洲互通、浦上互通两座立交的主线三环路紧邻乌龙江，受用地条件的限制，布设同

（a）橘园洲互通　（b）浦上互通
（c）螺洲互通　（d）湾边互通

图2-1-10　福州同侧双环苜蓿叶形立交（图片来源：福州市勘测院有限公司 拍摄）

侧双环苜蓿叶形立交。螺洲互通为减少征地拆迁，利用南台大道西侧的河浦和杂地，布设同侧双环苜蓿叶形立交。湾边互通受东侧阳岐文化保护区和其他因素的限制，布设同侧双环苜蓿叶形立交。

橘园洲互通两条环形匝道间设置辅助车道交织转换，其他转向匝道通过辅路机动车道和路段主辅路出入口转换。浦上互通所有转向匝道均通过辅路机动车道进行交通转换。湾边互通是在既有喇叭形三路枢纽立交的基础上改造为四路枢纽立交，新增环形匝道与既有环形匝道间利用福湾路既有高架上的加速车道作为辅助车道交织转换。

橘园洲互通于2002年与橘园洲大桥同步建成，部分匝道通车，2011年三环路贯通后全面投入运营，运营状态基本良好。随着互通两侧用地开发的逐步成熟，交叉口周边区域交通上、下三环路难的问题日益突出，2019年为解决金桔路与三环路双向交通转换，对立交两条外环左转匝道做局部的改造，并各增设一条短匝道连接金桔路，形成复合式立交。

浦上互通于2008年建成通车。螺洲互通于2011年建成部分匝道，2019年通车。湾边互通三路枢纽立交于2010年建成通车，2015年随福湾路改造为四路枢纽立交建成通车。

（3）对角双环苜蓿叶形立交

2座对角双环苜蓿叶形立交分别是西岭互通和林浦互通，见图2-1-11。

西岭互通位于三环路与绕城高速以及规划铜盘路的交叉节点上。铜盘路规划拟调整为快捷路作为主城北向出入城的主要快速通道。三环路主线为双向六车道，绕城高速和铜盘路主线为双向四车道。该互通绕城高速与三环路按双主线设计，共线段设置与永丰互通连通的辅助车道。互通东往南左转匝道与东往北右转匝道共线后分叉，接入马鞍山隧道方向。该匝道设置了与三环辅路的连接匝道，以解决三环路段主辅路的交通转换。互通环形匝道平曲线最小半径为60m。受环境条件限制，枢纽互通缺失了南往东的右转匝道。此外，因地形特点和服务面需求，互通范围内三环辅路与主路分离布设，辅路双向四车道布设在互通的北侧，铜盘路方向的马鞍山隧道，双向四车道单侧辅路隧道布设在主路隧道的东侧，且主辅路隧道错层布设，以解决该隧道铜盘路方向单侧辅路转换为双侧辅路问题。

林浦互通位于鼓山大桥南连接线（快速路）与林浦路的交叉节点上。林浦路规划为快捷路，南接福泉高速连接线，北与规划的前横大桥及拟建前横路快捷路对接，形成福州东部重

（a）西岭互通

（b）林浦互通

图2-1-11　福州对角双环苜蓿叶形立交（图片来源：福州市勘测院有限公司 拍摄）

要的南北向快速通道。立交林浦路布设在地面层，鼓山大桥南连接线主路及辅路机动车道分别以长短高架跨越林浦路，受用地限制，环形匝道设计速度为35km/h，平曲线最小半径为50m。两条半定向左转匝道设置在最高层，跨越主线和环形匝道。此外，由于林浦路在地面层，一方面，使得辅路机动车道左转功能不完善，另一方面，将人行、非机动车通过地道和天桥来解决交通转换的问题。

2座立交均按枢纽立交一次设计，分期建设。一期工程建设三路喇叭形立交并预留二期接驳匝道口。西岭互通一期工程于2011年随三环路建成通车，二期工程2020年建成。林浦互通一期工程于2010年随鼓山大桥建成通车，二期工程2021年建成。

3. 涡轮形立交

涡轮形立交适合于用地大、交叉口四个象限用地均衡且一条主线为路段高架的节点，立交匝道技术指标较高。福州城市立交没有应用的案例。城区内仅在福银高速公路与福厦高速公路复线的南屿枢纽立交中应用（图2-1-12）。

4. 四路立交选型小结

四路立交按照主线方向，可分为十字（含X形）交叉和K形交叉两种形态。

（1）十字（含X形）交叉

这类立交的基本形式中，涡轮形、三环苜蓿叶形、全苜蓿叶形等三种立交一般需要立交四个象限用地大且用地基本均衡。涡轮形线形标准高，行车顺适便捷，但结构体量大。三环苜蓿叶形立交和全苜蓿叶形立交两条主线均存在交织交通，在枢纽立交中较少应用。单环苜蓿叶形立交适合于一个象限用地较大且环形匝道交通量较小的情况。

同侧双环苜蓿叶形立交应尽量避免在立A_1类立交应用。用地条件困难，需采用同侧双环苜蓿叶形立交时，两条环形匝道宜布置在技术标准略低或交通流量少的主线一侧，同时通过设置集散车道解决两条环形匝道出入口间交织交通对主路交通影响的问题。同侧双环苜蓿叶形立交常用于仅单侧两个象限用地且用地基本均衡的滨江道路上的桥头立交和干线铁路一侧立交。

全定向式立交溢出占地面积小，桥梁层次多，一般为五层式立交，常用于两条高架路的相交节点。

对角双环苜蓿叶形立交因其交通组织合理，立交总高度较低，桥梁工程规模略小，是苜蓿叶形枢纽立交常用的形式，在国内地面

图2-1-12　南屿枢纽（图片来源：福州市勘测院有限公司 拍摄）

式快速道路中应用较多，特别适用于X形交叉口（即两条道路斜交）。对角双环苜蓿叶形立交因交叉角度、转向交通的性质，以及匝道的相互关系等变化而形成不同的几何形状。图2-1-13列出对角双环苜蓿叶形立交常见的三种类型。A、B两种类型在国内早期的立交案例中，一般按右转匝道与环形匝道连续出口和连续入口的方式设置，以减少结构的工程量。A型半定向左转匝道布置在环形匝道外侧，一般采用断背曲线的匝道线形组合，线形标准较差。B型半定向左转匝道线形较好，但切割两环形匝道为中心的几何构型。C型的环形匝道在右转匝道中段分岔，顺相邻象限半定向左转匝道外侧布线，匝道分流条件较好，解决了一个方向单一出入口的问题，几何构型也显生动活泼。因此，这类立交一般情况下选择C型较为合适。

四路枢纽立交的选型，与快速道路的构造形式关系较大。对于地势平坦的两条地面式快速路立交，全定向式、涡轮形及单环苜蓿叶形立交，因其层次多、结构工程量大，工程造价高，且其巨大的外形与低平的地面式快速路等特点，显得突兀、不协调，整体景观效果较差。因此，地面式快速路立交，一般选择立交层次少、总高度较低的双环苜蓿叶形立交，如对角双环苜蓿叶形立交。滨江快速路的桥头立交利用引桥引道的竖向线形特点和用地条件，设置主线及匝道的线位，一般选择同侧双环苜蓿叶形立交较为合适。

对于因特殊地形、地貌、地质等环境条件，一条主线为路段高架且适当抬高线位高度对桥梁长度影响不大时，采用涡轮形、单环苜蓿叶形立交往往综合指标较好。两条高架快速路相交，一般选择定向式立交，综合经济指标较好。

因此，十字交叉的四路枢纽立交，一般可供选择的有全定向式、涡轮形、单环苜蓿叶形、对角双环苜蓿叶形、同侧双环苜蓿叶形等五种立交形式，实际应用中可根据具体情况选择合理的立交形式。当立A_2类立交环境条件受限时，匝道的出入口形式可灵活应用，但应进行交通安全评估。

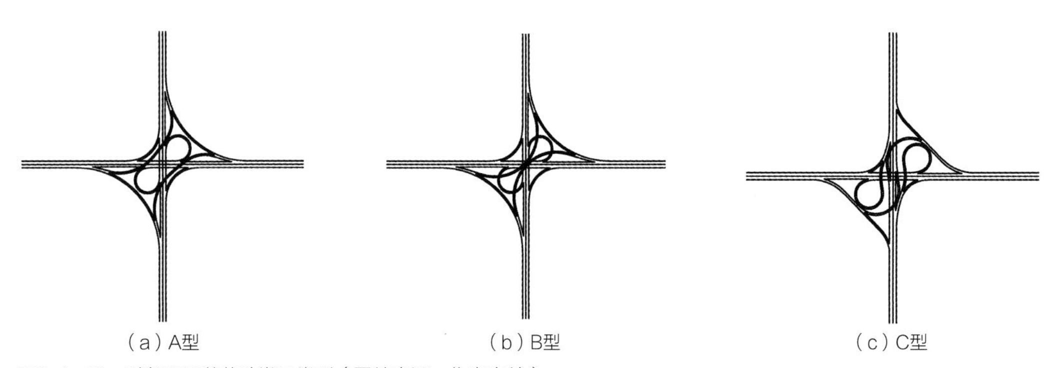

图2-1-13　对角双环苜蓿叶常见类型（图片来源：作者自绘）

（2）K形交叉

K形交叉分两种：一种是两条相交道路在十字交叉处，转向道路为重要主线的情况，一般出现在棋盘路网的环路拐角处，属交通型K形交叉；另一种是主要道路同侧接入两条斜向的被交道路，属几何型K形交叉。

交通型K形交叉，可参照四路十字交叉选择立交形式，一般情况下以对角双环苜蓿叶立交形式较为合适（图2-1-14）。

几何型K形交叉，立交选型较为复杂，可采用化繁为简的办法，采用两个三路立交叠合，如梨形与喇叭形叠合或两梨形叠合。K形交叉口的两条同侧的主路之间两方向的联结，内侧方向设置右转匝道，外侧方向流量不大时，一般通过两三路立交的顺向左转匝道相连设置匝道，如福州国货互通（图2-1-9（c）），主线三环路与西向的国货路设置A型喇叭形立交，南向鼓山大桥与三环主线采用梨形立交。两条同侧道路的联结，内侧方向设置右转匝道，外侧方向通过顺向梨形半定向匝道设置短匝道连接喇叭形立交外环匝道，实现四路完全互通。

5. 立交形式的解读

对于城市四路立交，四个象限通常难以做到用地均衡，加上主线交叉角度和主线、匝道线位线形的不同，实际立交的外观与基本形式差异较大，显得立交都各有不同。一些地形地貌变化大的立交使人眼花缭乱，缺乏实践经验的年轻设计师往往也无从下手。

实际上，一般情况下，四路立交也可以看作是两个三路立交的叠合。例如，单环苜蓿叶形立交是喇叭形立交和梨形立交的叠合；同侧双环苜蓿叶形立交是梨形立交和叶形立交的叠合；涡轮形立交是两个梨形立交的叠合；对角双环苜蓿叶形立交是两个喇叭形立交的叠合。

此外，四路立交还可以结合用地条件、转向交通性质等，通过主线上下行错层、平面线位上下行分离以及异位设置两个三路立交等方式，产生非常多的变化形式。

对角双环苜蓿叶形立交在另外两个象限用地非常困难且被交道路标准明显较低时，可通过被交主线桥按上下行剪刀形错层布置，把喇叭形立交的右出右进半定向匝道调为左出右进的半定向式匝道，见图2-1-15。

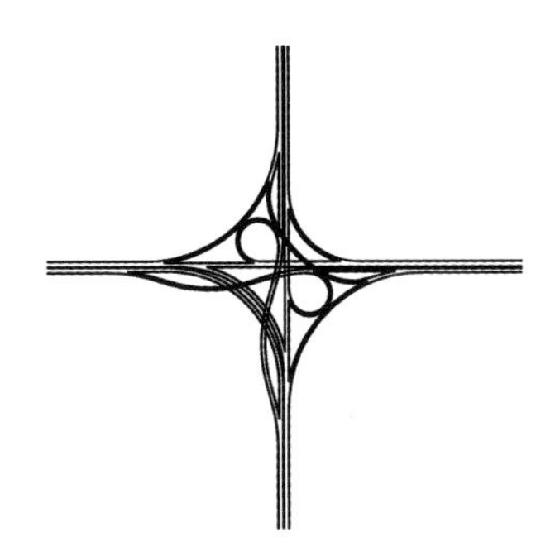

图2-1-14　交通型K形立交基本形式（图片来源：作者自绘）

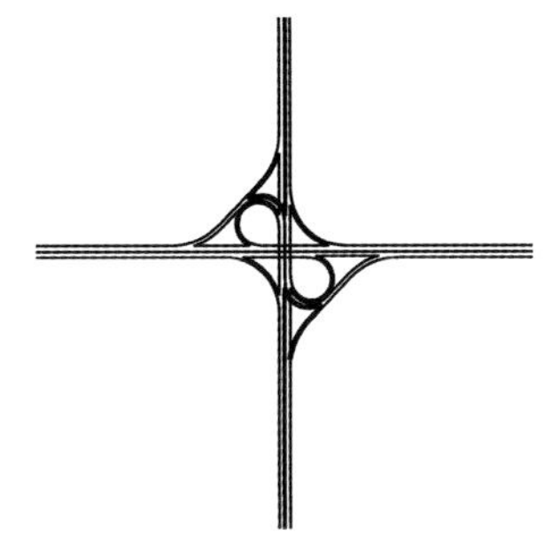

图2-1-15　对角双环苜蓿叶形立交变化形式（图片来源：作者自绘）

正在建设的金山大桥西立交（立A_2类立交，图2-1-16），为避开闽江堤外成片林木，把喇叭形的环形匝道中心置于既有闽江大道上，等级相对较低的闽江大道主线高架上下行分置其两侧，也可减少高架桥墩基础与地铁6号线的冲突。这种通过主线上下行平面分离，环形匝道左进、半定向式匝道左出主线的双环全互通式立交，亦称双喇叭立交（图2-1-17），早期在深圳深南—皇岗立交应用过。

四路立交在特殊环境下，还可错位布置为两个三路立交，并通过双向匝道把两个三路立交连接起来，使得四路完全互通。这种立交匝道路径长，常在收费公路与等级较高的地方道路相交为集中收费点时应用，如福州营前双喇叭互通（图2-1-18）。贵阳黔春路立交（图2-1-19），也是把四路交叉布置成两个错位三路交叉，

图2-1-16　金山大桥西立交（图片来源：福州市规划设计研究院集团有限公司 绘制）

图2-1-17　双喇叭立交（图片来源：作者自绘）

图2-1-18　福州营前互通影像（图片来源：福州市勘测院有限公司 拍摄）

图2-1-19　贵阳黔春立交（图片来源：中国市政工程西北设计研究院有限公司 拍摄）

结合主线线位和地形特点，分别采用大Y形和喇叭形两个三路立交。该立交平面外形复杂的原因是因为互通立交内还设置了两条中环路东半幅上下辅路的落地匝道，其中一条采用螺旋线展线原位落地，西半幅北向也可交织通过该匝道落地。

总之，四路立交若环境条件受限，经交通安全评估，可采用相对等级较低的主线的上下行分离（平面或竖向分离），选用左出右进的左转匝道，可得到较满意的解决方案。对四路立交还是更多路立交，只有认真分析道路性质、交通流向和流量、用地特点以及两相交道路的线位高度后，以三路立交基本形（梨形、喇叭形等）为基础，对其余左转匝道线位抽丝剥茧，可以得出相对合理的立交方案。

三、立交空间层次

立交的空间层次一般依据环境条件，结合技术、经济指标等确定。在实际应用中，一般遵循以下几条原则：

1. 枢纽立交一般按快速、慢速两个系统构建。快速系统主要服务于两条主线交叉，两条主线一般分别布置在架空层。慢速系统主要服务于辅路之间交叉，一般布置在地面层。在福州枢纽立交的空间分层上，原则上避免相交主路布置在地面层。在长期的应用中，除洪塘立交、橘园洲互通、浦上互通临江枢纽立交外，也仅有林浦互通的快速路布置在地面层。主线避免布置在地面层的主要原因有：

（1）两条快速路相交，当一条快速路布置在地面层，另外一条快速路的主路和辅路机动车道（往往兼作集散车道）需一并跨越。为避免慢速机动车（如公交、三轮车、摩托车等）进入主路，同时解决辅路间机动车的转换问题，只能在两条相交道路的辅路上设置机动车混行匝道连接，并通过主辅路出入口进出主路，对枢纽立交快速交通转换效率影响较大。

（2）交叉口人行非机动车系统以环形天桥或地道的形式设置，非机动车“上天下地”的形式对非机动车出行比率高且爬坡能力较低的交通形式是不合适的，也不利于无障碍系统的构建。

2. 相交道路重要的主线宜布在最高层，主要原因是重要的道路布置在顶层，使得驾乘人员的视线效果好，主线桥纵坡可采用人字坡设计，主要道路出口的减速车道在上坡段，行车安全，技术经济指标较高。

3. 相交道路流量大的主线宜布在最高层，增加驾乘人员的景观体验。福州已建的立交中，林浦互通、秀宅互通等存在左转匝道连续跨越两条相交道路的情况，立交的立面效果不理想，平面几何形状也显杂乱。环岛路立交左转匝道布设在最高层，一定程度阻挡了出城交通远眺五虎山景区美丽的山水景观。

4. 两条相交道路车道数不一样时，可选择车道数少的布置在第三层，以减少立交的桥梁工程量。

5. 机动车混合交通的两条地面式快捷路立交，可采用满足非机动车（一般为电动车）骑行要求的人行、非机动车地下系统，以减少立交出露地面的高度。

6. 临江快速路宜采用堤路结合布设，采用高架对隔岸的景观影响较大。

7. 两条高架快速道路相交，采用五层式的定向立交，综合技术经济指标较好。

四、主辅路系统衔接

枢纽立交的主辅路系统一般是相互独立的，其连接原则上通过路段上的主辅路出入口进行交通转换。路段上主辅路出入口设置困难时，可通过交通量较小、路径较长的匝道设置主辅路连接匝道，形成复合式立交。

国货互通前些年增设了辅路系统与三环路（南）和鼓山大桥两方向的四条主辅路匝道，选择在交通量较小的匝道上分合流，目前运行状态良好。

新店互通近些年增设了辅路上三环东匝道与原互通入口形成主线连续入口，交通紊流段增长。三环路（东）往市中心的左转匝道增设三环西方向下辅路匝道，使该匝道交通应变能力增强，降低了市中心方向堵车影响三环主线交通的风险。

魁岐互通地面交通接入大交通量的三环路（南）往东双车道匝道，接入匝道的交通量远超预测交通量，高峰时段合流交通量超过该匝道的通行能力，时有交通滞留现象发生。

第二节　匝道

一、匝道类型

匝道是组成立交的基本单元。互通式立交的形式实质上是由不同的转向匝道组合而成的。左转匝道按照匝道两端的连接方式可分为定向式匝道、半定向式匝道和环形匝道。定向式和半定向式匝道，按照匝道在交叉口理论交叉点内外侧加以区别，匝道在理论交叉点内侧为定向式匝道；反之，则为半定向式匝道。这种定义与公路上直连式匝道、半直连式匝道的分类略有不同。

定向式匝道优点是匝道长度最短，最为自然顺当；缺点是左出式和左入式匝道需从高速车道的左侧驶进或驶出，与驾驶习惯不符且不安全。半定向式匝道常用右出右进式。虽然匝道路径较长，跨越的构筑物多，但行驶安全。环形匝道是变左转90° 为右转270° 来实现车辆左转，不需要跨越主线就可达到左转的目的，是苜蓿叶和喇叭形立交的标准匝道。

福州枢纽立交优先采用右出右进式匝道，立A_1类立交原则不采用左侧匝道（包括左出式匝道和左进式匝道）；立A_2类立交在条件受限的情况下可采用左侧匝道。左侧匝道的设置会破坏整条路线上立交出入口位置的统一性，左右式出入口混用会引起驾驶混乱，驾驶员反应迟疑不决，车速放慢或急刹车，容易造成交通事故。

二、设计速度与平曲线线形指标

福州市已建标准快速路主路设计速度一般为80km/h，部分旧路改造的快速路为60km/h，三环路与机二高速、绕城高速公路共线段设计速度为100km/h；快捷路设计速度一般为50～60km/h。匝道设计速度一般按不低于主路设计速度的50%取值。部分主路设计速度为100km/h，其环形匝道设计速度按40km/h取值，以减少占地。

已建的14座三路枢纽立交中，12座立交匝道为定向式和半定向式，技术指标较高，平曲线最小半径为100m。2座喇叭形立交的环形匝道平曲线最小半径分别为60m（二环—南台立交，立A_1类）和35m（二环—五四立交，立A_2类），相应的匝道设计速度分别为40km/h和30km/h，匝道设计速度和线形指标均满足现行规范的规定。

已建10座四路枢纽立交均为苜蓿叶形立交，其中环形匝道设计速度和线形指标见表2-2-1。国货互通、西岭互通等2座立交，匝道直连快速路主路，环形匝道设计速度取主路设计速度的40%，其主要原因：一是立交用地条件受限；二是主路设计速度为100km/h，相应匝道设计速度应≥50km/h，按匝道桥最大超高4%，那么环形匝道半径需≥95m，占地大，实施难度大。

橘园洲互通、洪塘立交、浦上互通、林浦互通等4座立交受环境条件限制，匝道通过快速路的辅路或集散车道与被交快捷路连接，由于辅路或集散车道的设计速度一般为40～50km/h，故环形匝道设计速度取35km/h。这种匝道连接方式的立交，与两条快捷路立交的交通特征相似，可划分至立A_2类立交。对于两条快速路相交的枢纽立交，原则上不应两条相交道路都采用辅路或集散车道的匝道连接方式。

四路枢纽立交环形匝道设计速度和线形指标　　表2-2-1

立交	相交道路等级（主要道路 / 被交道路）	主线设计速度（km/h）	匝道连接方式	匝道设计速度（km/h）	最小半径（m）
三江口大桥南立交	快速路/快速路	80/80	直连	40	60

续表

立交	相交道路等级（主要道路 / 被交道路）	主线设计速度（km/h）	匝道连接方式	匝道设计速度（km/h）	最小半径（m）
秀宅互通	快速路/快速路	80/80	直连	40	75
国货互通	快速路/快速路	100/80	直连	40	60
洪塘立交	快速路/快捷路	80/60	集散车道连接	35	40*
橘园洲互通	快速路/快捷路	80/60	部分集散车道连接	40	60
浦上互通	快速路/规划快速路	80/60	集散车道连接	35	50
螺洲互通	快速路/快速路	80/60、80	部分集散车道连接	40	70
湾边互通	快速路/快速路	80/60	直连	40	60, 80
西岭互通	快速路/高速路	100/100, 60	直连	40	60
林浦互通	快速路/快捷路	80/60	直连	35	50

*洪塘立交环形匝道为路基式匝道，超高取值较大。

三、匝道宽度

在福州已建的枢纽立交中，设计交通量单一转向设计流量大于1200pcu/h左右的只有永丰互通和魁岐互通等2座三路枢纽立交的三环方向转换流量。因此，该两座立交的三环方向匝道采用单向双车道。除此之外，其他立交单一转向匝道均采用单向单车道，匝道桥标准净宽7.0m、全宽8.0m。部分大型货运汽车较多的城市出入口立交，匝道桥标准净宽7.5m，最小匝道全宽8.5m。

此外，按照《城市道路交叉口设计规程》CJJ 152-2010[10]要求，匝道长度大于300m时，需按单出入口的双车道匝道设计，以便设置匝道超车道。考虑到300m匝道难以满足超车要求，同时为了尽量减少匝道桥的建设规模，我们在实际执行过程中，按匝道长度500 m作为设置超车道的控制标准。双车道匝道桥标准净宽取8.0m，全宽9.0m。魁岐互通三环方向匝道预测流量较大，高峰小时交通量为1500pcu/h左右，匝道桥标准宽度净宽9.5m，全宽10.5m。

由于福州市东、北三环与机二高速和绕城高速共线，主线按高速公路标准建设，因此东、北三环上的立交匝道设计按公路工程相关规范和福建省高速公路建设指南的要求执行。匝道桥宽度取值：单车道匝道桥标准净宽8.0m、全宽9.0m；双车道匝道根据不同的设计交通量，匝道桥标准宽度按净宽9.5m、全宽10.5m和净宽11.25m、全宽12.25m两个标准设置。

城区已建枢纽立交匝道宽度情况见表2-2-2。福建省高速公路建设指南要求单车道匝道宽9.0m，主要原因是为了便于维修养护施工作业时能保持不中断交通和便于故障救援等。

已建枢纽立交匝道桥最小标准宽度　　表2-2-2

匝道类型	单车道匝道桥		双车道匝道桥			
			设计交通量 1200 ~ 1500 pcu/h		设计交通量 ≥ 1500 pcu/h	
	标准净宽（m）	全宽（m）	标准净宽（m）	全宽（m）	标准净宽（m）	全宽（m）
快速路	7 ~ 7.5	8 ~ 8.5	8.0 ~ 9.5	9.0 ~ 10.5	—	—
高速公路	8.0	9.0	9.5	10.5	11.25	12.25

第三节　立交连接部

一、匝道出入口布置

一般而言，立交范围内主路在一个行驶方向最好只有一个出口。两个或两个以上出口，易造成驾驶员迷惑或错向驶出，对主路直行交通影响也较大。因此，匝道一般布设为“单一出入口、逐级分流、逐级合流”的形式，福州市已建的枢纽立交除三路枢纽叠合了菱形或半菱形立交的四岔路口和个别早期设计的立交外，基本上都是采用一个行驶方向布置一个出口和一个入口的形式。

立交相邻匝道出入口间距由变速车道长度、交织距离及安全距离组成，立交内出入口间距设置应尽量减少进出主线车辆对主线交通流的影响。福州市快速路多采用路口高架的地面式快速路，快速路路段上设置主辅路出入口有时因为主路的出入口间距标准问题，而采用在立交路口高架接地段设置主辅路出入口，这种主辅路出入口一般计入立交范围。一些四岔及以上路口采用三路枢纽的立交，即三路枢纽和菱形或半菱形立交叠合的立交也与其类似，但这类情况的连续两个出口一般分别在地面处和主线路口高架上，间距一般也较大，出现出口误判情况相对较少。

早期设计的闽江大道立交、橘园洲互通和湾边互通，多处出现连续两个出口的情况。橘园洲互通改造为复合式立交时，因周围片区居民强烈要求增设主辅路入口，形成了两个出口之间夹两个入口情况；湾边互通主线上的喇叭形立交出现了连续两个出口，被交道路（福湾路）上由于江滨一侧的湾边村和部队过往湾边大桥的交通需求较高，增设了落地匝道，形成了间距较近的连续出口。虽然出入口间距符合规范要求，但连续较密的出入口（尤其是出口），给设置交通标志和驾驶员对标志或去向的瞭望、辨认以及车辆分流、合流、转向、变速等操作造成困难，特别是外地车辆相对较多的城市入口互通节点。因此，枢纽立交的出入口布置，对立A_1类立交应按一个方向一个出入口布置，立A_2类立交也尽量按这个原则布置，当条件受限时，应加强交通引导设施。

二、变速车道

出入口变速车道的形式分为直接式或平行式两种。直接式出入口具有路线顺畅，驾驶操作单一、方便的优点。平行式出入口的行驶轨迹是一条“S”形转折曲线，驾驶操作有些别扭，可能导致减速车道车辆在直行主线上减速而发生追尾冲突，但主线上车道数增、减变化明显，容易辨别，能防止直接式变速车道渐变段较长，诱导直行车辆误入减速车道的现象。

由于两者各有利弊，各国规定也差异较大。德国已把直接式出口调为平行式出口。我国公路工程从《公路路线设计规范》JTJ 011-94开始，出入口的形式参照日本的规定，即单车道出口建议用直接式，入口建议用平行式，双车道出入口均采用直接式。这种出入口形式在实际应用中也未发现明显问题，基本形成我国公路设计的习惯做法。《公路路线设计规范》JTG D20-2006和《公路路线设计规范》JTG D20-2017均维持原则性规定。

我国《城市道路交叉口设计规程》CJJ 152-2010的规定与公路规范基本相同，但我国的城市快速路上多采用平行式出入口。平行式加速车道除了提供车辆加速功能外，还能提供等候主线车流空档以使车辆顺利插入的功能。因此，普遍认为平行式加速车道能给汇流车辆提供更多的时间和机会去寻找直行交通车流间隙。故对单车道入口，平行式加速车道已形成基本共识。对单车道出口，平行式减速车道的应用也在增多，特别是对主线流量大、速度相对不高且匝道线形标准相对较低的城市立交有利。

福州市已建的互通立交变速车道基本为单车道出入口的形式，除个别高架路上考虑到桥梁设计等因素，变速车道采用直接式变速车道外，其他均采用平行式变速车道。个别双车道出入口采用直接式或岔口分合流形式。

三、辅助车道

枢纽立交中双车道出入口为满足主线基本车道数的连续和车道数的平衡，保证车辆有序畅行，需在变速车道外设置辅助车道。辅助车道一般设置在主线的右侧，车道宽度与主线相同。考虑匝道合分流交通运行、变速车道和标志牌的设置，辅助车道长度一般不小于600m（含渐变段），特别是分流处由于标志的辨认、心理上的准备、车辆换道等，需要较长的辅助车道，一般控制在600～1000m较合适。

枢纽立交在特殊条件下设置连续分合流，车辆频繁汇入主线对基本车道交通干扰较大，而且连续合流交通骤增，因此需设置辅助车道以改善基本车道的交通紊流状态。如闽江大道立交二环路—尤溪洲大桥方向主线，浦上大道与二环路双主线合流虽然设置了辅助车道，但由于尤溪洲大桥建设规模的限制（单向三车道），辅助车道仅设置到第二个入口（闽江大道上桥匝道前），使得该段交通状况不佳。若当时设置较长的辅助车道，或设置与尤溪洲大桥北立交贯通的辅助车道，交通状况会得到较大改善。

当相邻立交入出口间距或立交匝道出口与上游快速路入口间距满足交织交通要求但不满足快速路出入口间距要求或立交净距小于500m时，需设置辅助车道将相邻立交之间连接。当立交之间路段的交织交通量较大，路段服务水平明显降低时，也需要在立交之间设置贯通的辅助车道。

福州相邻立交间共有五处设置了贯通的辅助车道。其中，西岭互通和永丰互通间因路段交通较大，采用双入双出的入出口，设置了贯通的辅助车道，长度1.8km。魁岐互通和国货互通之间采用双入单出的入出口，为满足立交合流处车道数平衡且受地形限制，设置了贯通的辅助车道，长度2.1km。三环—福峡立交和螺洲互通间因相邻立交间距较近，设置贯通的辅助车道，长度800m。魁浦大桥、淮安大桥因主辅路合并，交通量大，设置了辅助车道。目前，这些辅助车道的交通运行情况基本正常。

四、集散车道

集散车道一般用于立交一个方向多个出入口合并成单一出入口，以避免主路上交织交通或较长的交通紊流段。相邻立交净间距较短时，也需要通过设置集散车道以保证主线大交通量的正常运行。

同侧双环苜蓿叶形立交的环形匝道在靠近外侧直行车道处构成交织段，对直行车道上产生较大的加速和减速交通。设置集散车道，可将多出口形成单一出口，并将交织段转移到集散车道上。喇叭形立交的第二出口（环形匝道出口）往往设置在凸形竖曲线之后，视距相对较差，采用单出口设计，出口在上坡道上，能得到良好的出口识别视距。

组合式立交[①]间的集散车道，一般聚集了两个立交的转向交通，交通量较大，集散车道应根据交通量情况，配置相应的车道数。采用双车道时，由于这类集散车道长度一般较长，宜设置应急车道。螺洲组合互通集散车道单幅桥宽采用9.5m，但不带应急车道的双车道，当一条车道发生车辆故障时，将造成路段堵车的现象。

---

① 组合式立交是指相邻互通式立交利用辅助车道、集散车道或匝道等相连接而形成的互通式立交组合体。

第四节　福州立交设计案例

一、闽江大道立交

1. 概况

闽江大道立交位于福州市二环路、浦上大道及闽江大道相交节点上，为五岔路口。西二环—尤溪洲大桥跨闽江大道后向东大角度转向南二环路，浦上大道顺西二环路向南连接西三环路。该立交是福州首座快速路与快速路（规划）相交的立交，方案招标时共征集了九个方案。经评审，选用了二环路与浦上大道三路定向高架立交、地面环形平面交叉的方案。该项目于2001年随尤溪洲大桥同步建设，2003年建成通车（图2-4-1）。2014年，由于立交地面层环岛交通流量大，机非混行现象严重，交通拥堵等，拆除环岛，改为四路信号灯控制交叉口。

2. 场地条件与交通量预测

（1）场地条件

场地原状（图2-4-2）为闽江大道（宽50m，双向六车道主干路）与拟建的二环快速路和浦上大道（按主干路建设，规划为宽度70m的快速路）形成的五路交叉口。交叉口地势平缓，标高在6.0～8.0m之间，为房杂地和果园。其中，西南象限民房较密并有厂房。临江设有防洪堤，堤顶标高约11.0m。

（2）交通量预测与分析

根据交通流量与流向预测（图2-4-3），交叉口设计远景年份（2023年）的交通高峰小时交通量为9784pcu/h，其中尤溪洲大桥与南二环路的流量最大，约占整个交叉口流量

图2-4-1　闽江大道立交实景（2003年）（图片来源：福州市规划设计研究院集团有限公司 拍摄）

图2-4-2　闽江大道立交场地条件（图片来源：福州市勘测院有限公司 拍摄）

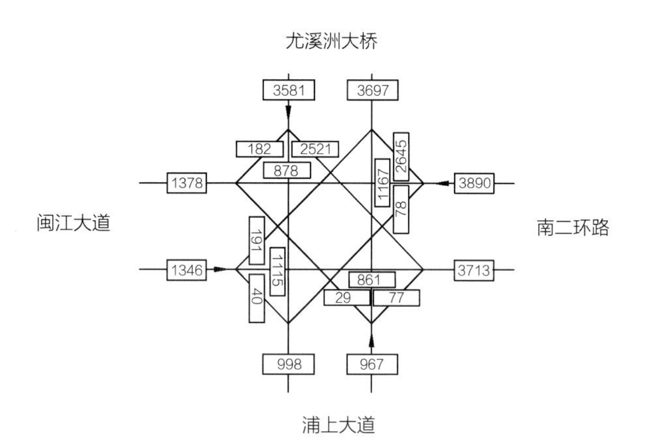

图2-4-3　2023年闽江大道立交设计交通量预测值（单位：pcu/h）（图片来源：作者自绘）

的53%；南二环路—闽江大道直行流量次之，约占交叉口总流量23%；尤溪洲大桥—浦上大道方向直行流量约占交叉口总流量的18%，其余方向左右转交通量均较小。

3. 方案设计

（1）设计思路

从立交在城市交通网络中所处的位置来看，闽江大道立交位于二环与接二连三联络线的接合处，是二环快速路与规划的浦上大道快速路的相交节点。作为这一关键节点的立交，不仅要保证二环快速路的快速运行，而且要为二环路与浦上大道之间实现快速便捷的通行环境。因此，闽江大道立交宜采用多路交叉的三路枢纽立交。

该交叉口相交道路性质和功能各异，各个方向的交通流量差别很大，交通性质也各不相同。二环路作为环绕城市核心区的快速路，浦上大道作为城市重要的径向通道，是快速道路系统的重要组成部分，承担着大量城市中长距离交通，其直行交通必须能够以较高的速度顺畅运行。闽江大道属城市主干路，与二环路、浦上大道之间的左右转交通量少，其交通性质为一般的短距离城市交通或进出快速路的交通，通过辅路和出入口来解决，对于其交通性质和交通量而言是合适的。从这一意义上说，闽江大道立交宜选择多路交叉的三路枢纽的大Y形或小Y形立交。

从交叉口周边环境条件考虑，在立交建设时，交叉口东南、西南象限分布较密厂房和村庄民宅，对立交的用地造成较大限制。如何处理好立交功能与用地之间、工程建设与环境保护之间的矛盾，是立交选型设计时不可忽略的重要因素。

（2）立交方案

根据以上设计思路，最终选定二环路与浦上大道三路定向立交方案。二环路主线半径采用400m，按上下行双幅布置，双向六车道，断面宽度为2×13.0m。尤溪洲大桥与浦上大道方向按上下行双幅布置，双向四车道，断面宽度为2×9.5m。南二环路与浦上大道方向按上下行双幅布置，单车道，断面宽度为2×8.0m。尤溪洲大桥与地面层环岛的双向落地匝道按单向单车道布置，断面宽度为8.0m+1.75m（人行道）。底层闽江大道与三个方向的辅路采用环岛平面交叉，环岛直径80m。

（3）主要技术经济指标

· 立交类型：快速路与快速路三路枢纽的全定向式立交（三层）；

· 主要道路等级与设计速度：二环路——快速路，80km/h；

· 被交道路等级与设计速度：浦上大道——主干路（规划为快速路），80km/h；
闽江大道——主干路，50km/h；

· 匝道设计速度：50 km/h；

· 道路宽度：主线——单幅桥面标准宽度13.0m（单向三车道）；
匝道——单幅桥面标准宽度8.0m（单向单车道），单幅桥面标准宽度9.5m（单向双车道）；

· 平曲线最小半径：主线R=400m，匝道R=165m；

· 最大纵坡：主线4%。

4. 存在问题与建议

（1）尤溪洲大桥为双向六车道（图2-4-4），高峰时段双向流量已经达到11000pcu/h，远超出设计通行能力8400pcu/h，使得尤溪洲大桥无法接纳来自闽江大道立交上的浦上大道、南二环路和闽江大道三路合流的交通量，导致立交桥头合流处拥堵。

（2）闽江大道立交南二环路与浦上大道之间采用了左进左出定向式匝道。二环主线内侧车道为小车道，驶出和驶入主线的大型汽车需不断换道，对驶出主线的上游路段和驶入主线的下游路段主线直行交通影响长度较长。

（3）立交多层节点多而分散，桥梁工程量大，造价高，设计施工较复杂。叠层式立交布墩受下层道路空间约束，布墩困难，一些横梁需加长跨路布置，形成门式墩，结构设计难度大，也影响美观。

（4）闽江大道立交桥梁为福州市首次采用的逐孔现浇预应力混凝土连续箱梁，联间交接墩采用了凸形墩帽，主梁的施工开工点在设计时就已指定，但由于施工单位对施工难度预

图2-4-4　闽江大道立交高峰时段通行情况（图片来源：作者自摄）

计不足，过程进度未能按计划要求进行，工程后期增加了几个开工点，造成主梁设计变更量较大。

（5）为分流南二环路及浦上大道进入尤溪洲大桥的进城交通，尽量均衡尤溪洲大桥和上游金山大桥的交通量，拟启动闽江大道快捷化改造项目，把闽江大道立交改造为四路立交。因该立交采用叠层布置且桥梁较高，闽江大道与南二环路的连接拟通过部分匝道设置回旋式展线，通行能力有限，景观效果也差。

二、湾边互通

1. 概况

湾边互通位于三环路和湾边大桥、福湾路相交节点上。西北至东南走向为三环路，西南向为湾边特大桥（高速公路），东北向为福湾路。根据福州城市总体规划，湾边特大桥西南向与福银高速公路相交（南屿枢纽）后，接入福厦高速公路复线，是福州市与高速公路网连接的重要出入口。福湾路是连接二环路与三环路的城市主干路，也是湾边大桥进入市中心的径向通道。2006年福湾立交随湾边特大桥同步建设，于2008年建成通车。

2014年，为迎接全国青运会，福湾路由城市主干路调整为快速路，主路采用高架的形式。福湾路与二环路、三环路的立交节点也同步改造，湾边互通也由十字交叉的三路枢纽立交改造为四路枢纽立交（图2-4-5）。

2. 场地条件与交通量分析

（1）场地条件

场地原状（图2-4-6）为西三环路与福湾路形成的L形交叉口。西三环路为三环一期项

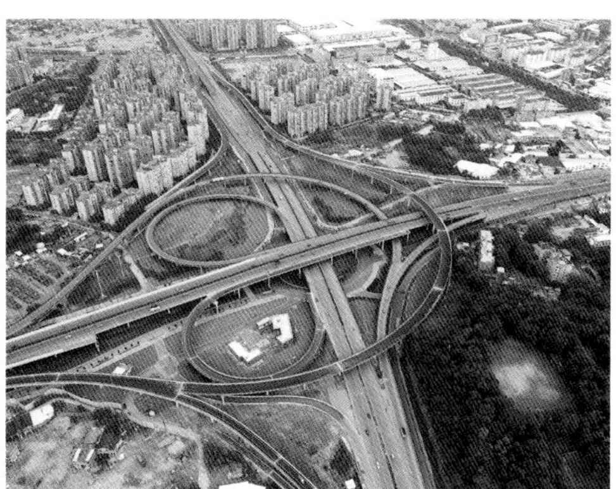

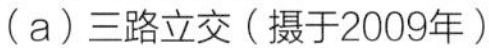

（a）三路立交（摄于2009年）　（b）四路立交（摄于2015年）

图2-4-5　湾边互通实景（图片来源：福州市规划设计研究院集团有限公司 拍摄）

图2-4-6　湾边互通场地条件（图片来源：福州市勘测院有限公司 拍摄）

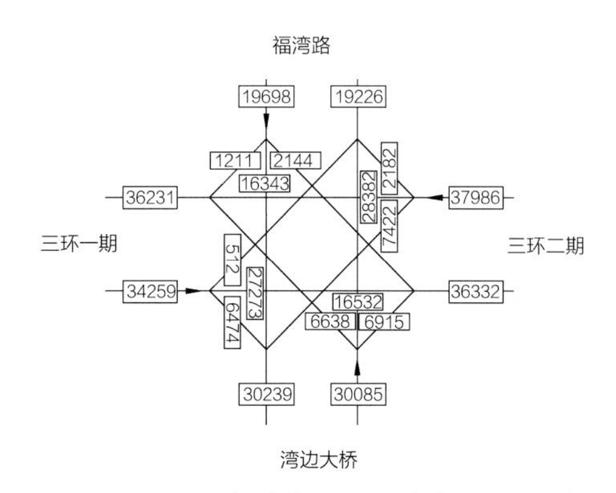

图2-4-7　2025年湾边互通设计交通量预测值（单位：pcu/d）（图片来源：作者自绘）

目，路幅宽度为55m，主路双向六车道，辅路行车道临江侧为7m，内侧为10.5m。福湾路为城市主干路，宽50m，双向六车道。拟建的南三环（三环二期项目）按城市快速路标准设计。湾边特大桥按双向六车道高速公路标准设计，本项目属大桥配建项目。

交叉口地势平坦，标高在6.0~8.0m之间，交叉口南象限为阳岐山，属部队用地，最高处标高45.0m；东象限有近代名人严复陵园；西象限为湾边村，分布有民房和杂地；北象限为预留立交用地。

（2）交通量预测与分析

根据交通流量与流向预测（图2-4-7），可知：

该路口三环路方向直行交通量最大，福湾路直行交通量次之，两个方向直行交通量约占整个交叉口总交通量的72.5%，在各设计年限内比例变化不大，因此解决好福湾路和三环路的直行交通是本立交的重点。

三环一期、三环二期与湾边大桥之间的左右转交通有一定数量，约占交叉口总流量的22.5%~23.0%。这些方向的交通与福湾路一样是福州市中心区出入城市交通，而且是城市快速路与高速公路之间的交通，宜设置匝道来满足交通流量需求和保持快捷连续通行。

福湾路与三环一期、三环二期之间的左右转交通量极少，不足7%，是城市内部交通，考虑到福湾路为城市主干路，福湾路与三环路之间的交通可以通过辅路和地面平交口来解决。在三环路的立交两端设置一对出入口以满足其进出快速路的功能。

3. 方案设计

（1）方案思路

从立交在城市交通网络中所处位置来看，本立交位于福州城市路网和高速公路连接线的接合处，它不仅是三环快速路上的一个节点立交，更是福州市“西南大门”的交通集散点。

交叉口相交道路性质和功能各异，各个方向的交通流量差别很大，交通性质也各不相同。湾边大桥是福州市往福银高速公路和福厦高速公路复线的通道，其本身性质是六车道高速公路，保证湾边大桥往各方向交通的便捷和通畅，对于提高出入城交通的经济效益和体现福州城市形象有重要意义。三环路作为环城快速路，是城市路网的最重要组成部分，承担着大量城市中长距离交通，其直行交通必须能够根据设计速度顺畅运行，福湾路则是城市主干路，与湾边大桥的性质和设计速度有所差异。本立交福湾路方向作为汽车专用道路与一般城市道路之间的过渡段，必须以一定的范围和设施保证这一过渡的安全和平稳。而福湾路与三环路之间的左右转交通量少，其交通性质为一般的中短距离城市交通或进出快速路的交通，通过辅路和主辅路出入口来解决，对于其交通性质和交通量而言是合适的。从这一意义上说，本立交宜按相交道路双向高架直通、三环路与湾边大桥三路枢纽立交设置。

从交叉口周边环境条件考虑，交叉口南侧紧靠阳岐文化保护区和部队禁测区，东侧有近代文化名人严复墓园，规划将建设成公园。上述军事和文化设施对本立交的用地造成较大限制。如何处理好立交功能与用地之间、工程建设与环境保护之间的矛盾，是本立交选型设计时不可忽略的重要因素。

（2）立交方案

根据以上设计思路，最终选定三环路与湾边大桥三路喇叭形立交方案（图2-4-8）。

福湾路接湾边特大桥段以-1.0%纵坡高架跨过三环辅路后下地（二层）。三环路主路双向六车道（亦为上下行双幅桥），以3%的人字坡跨越福湾高架后下地（三层）。在三环路和湾边大桥之间设两对左右转高架匝道。

为减少对阳岐历史文化保护区和严复墓园的影响，三环二期往湾边大桥方向的左转采用半

图2-4-8　湾边互通设计方案效果图（图片来源：福州市规划设计研究院集团有限公司 绘制）

径为80m的环形匝道，湾边大桥往三环一期方向的左转采用半定向匝道，这样立交用地偏向于西侧和北侧象限，给规划的严复公园留有景观缓冲区，同时也有条件使线形布置得更为舒展。

工程建设期间，应立交周边用户的强烈要求，项目使用功能作了调整，立交在湾边大桥方向增设2条净宽8.5m的机动车及非机动车混行匝道，与一层环岛连接，湾边大桥的应急车道调整为非机动车道。

随着本立交以及相关项目的建设，在三环路以北的相交村道可就近接入福湾路或三环路辅路。但在三环路以南，由于没有规划市政道路，必须将湾边村以及阳岐山的部队驻地现有通道接入交叉口环岛处，以便双向通行。由于这些道路交通量极小，对地面环岛通行能力基本不影响。

（3）主要技术经济指标

· 立交类型：快速路与高速公路三路枢纽立交（三层）；

· 主要道路等级与设计速度：湾边特大桥——高速公路，80km/h；

· 被交道路等级与设计速度：三环路——城市快速路，80km/h；

· 匝道设计速度：40km/h；

· 道路宽度：主线——单幅桥面标准宽度13.25m（单向三车道）

匝道——单幅桥面标准宽度8.5m（单向单车道），单幅桥面标准宽度9.5m（单向双车道）；

· 平曲线最小半径：主线R=2700m；环形匝道R=80m；

· 最大纵坡：主线4%，匝道3.48%；

· 主线占地面积：24.0ha。

4. 存在问题与建议

（1）立交在湾边大桥方向增设了接地匝道，导致连续匝道出口间距仅110m，主线上较近的连续出口给使用者带来了困扰，尤其是这种外地进城交通较多的城市出入口立交。

（2）湾边互通由于福湾路道路等级从主干路调整为快速路，湾边互通也从部分互通式立交改造为全互通式立交，改造过程中拆除了原互通的西三环路往湾边大桥的右转匝道，造成工程的重复建设。因此，对十字交叉的三路枢纽立交，在相关道路周边尚未成熟时，立交形式应留有相关路网等级调整时项目的可拓展性。

三、秀宅互通

1. 概况

秀宅互通位于三环路与福泉高速连接线相交节点上（原秀宅收费站南）。交叉口为四路

图2-4-9 秀宅互通实景（图片来源：福州市规划设计研究院集团有限公司 拍摄）

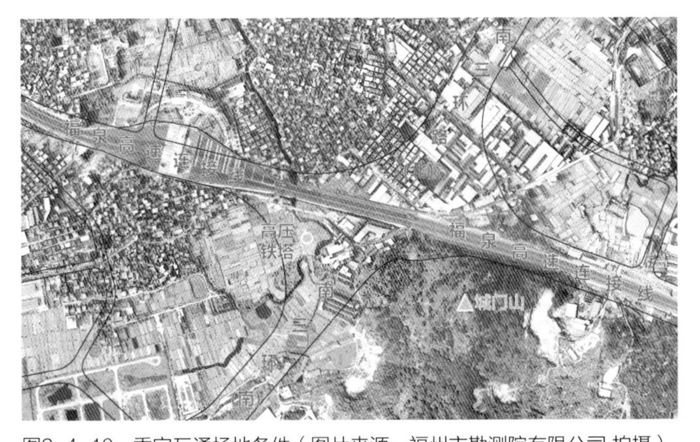

图2-4-10 秀宅互通场地条件（图片来源：福州市勘测院有限公司 拍摄）

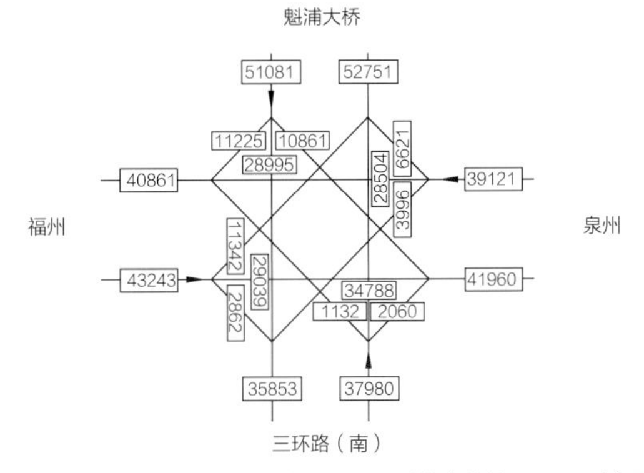

图2-4-11 2030年秀宅互通设计交通量预测值（单位：pcu/h）（图片来源：作者自绘）

X形交叉口，东连福泉高速连接线，西接林浦路（拟建快捷路），西南向接南三环路，东北向接魁浦大桥。该项目于2007年开工建设，2011年建成通车（图2-4-9）。

2. 场地条件与交通量预测

（1）场地条件

该节点（图2-4-10）地势平缓，标高在5.5～6.3m之间。已通车的福泉高速连接线为路堤式，路面标高在9.0～9.5m之间。交叉口东象限为小厂房；西象限为少量民房和杂地，杂地上分布3座高压电力铁塔；南象限为城门山，最高处标高在70.0m左右；北象限为密集的民房。拟建场地工程地质隶属闽江冲洪积和海积地貌，软土层最大厚度达30m，基岩埋深变化大。

（2）交通量预测与分析

根据交通流量与流向预测（图2-4-11）可知，该交叉口三环路和福泉高速连接线两方向的直行流量最大，约占整个交叉口总交通量的70.8%；福州、泉州与南三环路（北）方向的左右转流量次之，约占整个交叉口总交通量的23.4%；福州、泉州与南三环路（南）方向的左右转流量较小，约占整个交叉口总交通量的5.9%。

3. 方案设计

（1）设计思路

从相交道路性质来看，该节点为三环路上跨既有福泉高速连接线的四路X形交叉，交叉口三环方向主路为双向六车道城市快速路，福泉高速连接线为双向六车道高速公路，两条主线设计速度均为80km/h，应按枢纽立交设计。

从交叉口地形、地貌、地物条件看，交叉口西象限用地条件充裕，东象限次之，南象限为城门山，北象限为密集的民房。因此，立交左转匝道应在西、东两个象限展线布设。西象限中部区域坐落三座高压铁塔，可通过调整环形匝道半径来满足三座铁塔的净距要求。

从交叉节点既有道路的设置情况来看，福泉高速连接线为高度5m左右的路堤形式。因此，三环辅路可以通过下穿地道的形式布置在半地下层，三环主路以高架的形式布置在三、四层比较合适。

（2）立交方案

在规划用地红线内布设了单环苜蓿叶形和对角双环苜蓿叶形两个立交方案进行比较。两个方案主要匝道技术指标和桥梁面积相近，最终选定了少拆迁工业厂房的单环苜蓿叶形立交方案。

设计方案三环路主线布置在三层，高架上跨福泉高速公路连接线连接魁浦大桥；辅路设置通道下穿福泉高速公路连接线。魁浦大桥往泉州方向的左转环形匝道布设在西象限内，平曲线最小半径R=75m。南三环路（南）往福州方向的左转交通量较小，利用南象限主线与城门山狭窄空间，设置技术指标较低的半定向匝道上跨主线高架，布置在四层，匝道平曲线最小半径R=80m。

（3）主要技术指标

· 立交类型：快速路与高速公路四路枢纽立交（四层）；
· 主要道路等级与设计速度：三环路——快速路，80km/h；
· 被交道路等级与设计速度：福泉高速公路连接线——高速公路，80km/h；
· 匝道设计速度：40 km/h；
· 道路宽度：主线——单幅桥面标准宽度13.25m（单向三车道）；
匝道——单幅桥面标准宽度8.5m（单向单车道），单幅桥面标准宽度9.5m（单向双车道）；
· 平曲线最小半径：主线R=2700m；匝道R=75m；
· 最大纵坡：主线2.5%，匝道4.0%；
· 主线占地面积：26.1ha。

4. 存在问题与建议

本项目三环路主线高架桥东北端接魁浦大桥，西南端接城门山垭口，高架线位抬高桥梁长度基本不受影响。本项目若与魁浦大桥及南引桥同步建设，那么布置在四层的南三环路（南）往西的左转匝道线位可适当北移，并调增主线高架（即魁浦大桥南引桥）线位高度，该匝道可从主线高架下方布设，匝道短，竖向线形好，景观效果佳。

该项目地质条件变化剧烈，软土最厚处达30m。运营期间立交下的河道开挖和地铁6号线穿越造成部分桥墩位移超限，目前已纠偏加固到位。因此，对远离中心区的软土地区高架立交，如何有效监管桥下地貌的改变？除加强监控管理外，设计方面也应该多考虑不利工况。

四、螺洲—环岛组合互通

1. 概况

螺洲—环岛组合互通（图2-4-12）位于南台大道跨越三环路、环岛路两条快速路的交叉节点上。两座立交（螺洲互通和环岛路立交）中心间距仅1.25km，按组合式立交建设。

螺洲互通位于三环路与南台大道的相交节点上，交叉口为四路交叉，东西向为三环路，南北向为南台大道（快速路）。环岛路东段为城市快速路，与福泉高速南连接线交叉后，接马尾大桥（现改称为三江口大桥），环岛路西段为滨江休闲性主干路。南台大道南向经螺洲大桥与福银高速相交（祥谦枢纽）后接福泉高速南连接线；北向与南二环快速路相交后接六一路。

该项目于2008年开工建设，螺洲互通于2014年建成部分匝道，2019年与环岛路立交同步全面建成通车，目前集散车道时有拥堵现象。

2. 场地条件与交通量预测

（1）场地条件

螺洲互通场址（图2-4-13）位于两村交界处的河浦农杂地上，为规划预留的立交用地。交叉口东南象限为灵山及山前房杂地，灵山最高处标高30.0m左右，北侧山坡有灵山禅寺和福建信息职业学院宿舍。其他三个象限地势平坦，标高在6.0m左右。交叉口西侧两个象限为河浦和杂地。东北象限为村庄，民房较密。

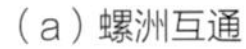

（a）螺洲互通

（b）环岛路互通

图2-4-12 螺洲—环岛组合互通实景图（图片来源：福州市规划设计研究院集团有限公司 拍摄）

图2-4-13 螺洲互通场地条件（图片来源：福州市勘测院有限公司 绘制）

图2-4-14 环岛路立交场地条件（图片来源：福州市勘测院有限公司 绘制）

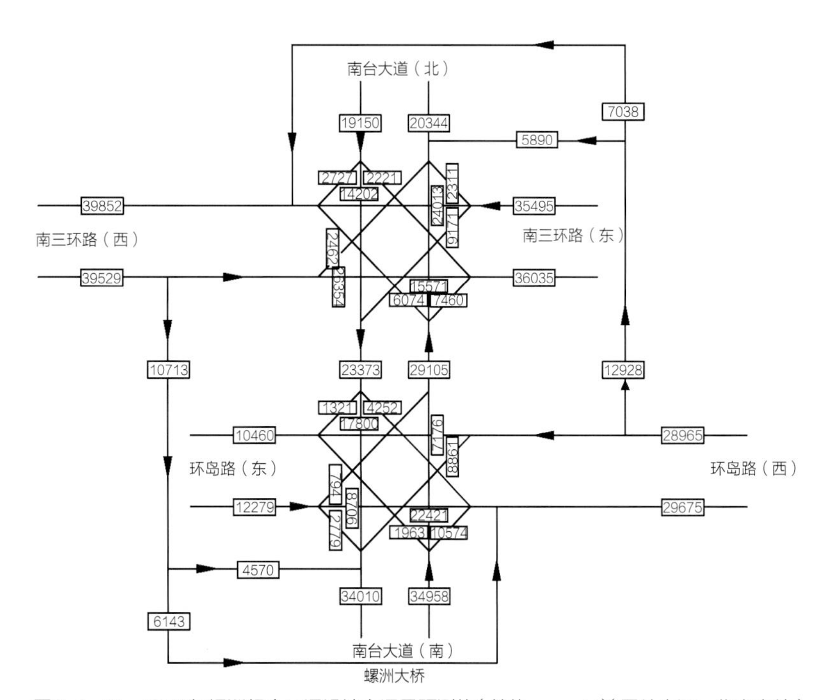

图2-4-15 2030年螺洲组合互通设计交通量预测值（单位：pcu/d）（图片来源：作者自绘）

环岛路立交紧邻闽江南港和帝封江交汇处（图2-4-14），南台大道（螺洲大桥北引桥）紧邻帝封江东岸岸滩布设。交叉口东、南象限为螺洲古镇，地面标高为6.0m左右，帝封江河床标高2.0m左右，立交用地范围为滩涂地。

（2）交通量预测与分析

前期方案中，螺洲大桥北引桥按双向六车道布置（螺洲大桥主桥为双向八车道），两座立交间交织长度仅605m，交织长度较短，车道数较少，可能存在较大交通安全隐患和交通滞流。因此，按组合式立交设计，并对区域交通重新预测，经细化的交通流向流量见图2-4-15。

根据组合互通立交远景2030年交通流量与流向预测结果，南台大道（北）和南三环路（东）转往环岛路的交通量为4252pcu/d，南三环路（西）转往螺洲大桥的交通量为4570pcu/d，这两个方向为全交织交通量。根据《城市快速路设计规程》CJJ 129，快速路路段上相邻两出入口端部之间的距离最小为1020m（设计速度为80km/h），因此需要设置集散车道连接两个立交，形成整体，将交织段转移出主线形成单一的出入口，保证主线的快速安全通行。同时集散车道设计速度较低，交织运行在相对低速状态下进行，交通安全有序。

此外，东侧集散车道流量为26938pcu/d，西侧为24371pcu/d，而标准段主线双向流量为18920pcu/d，集散车道双向流量远大于主线流量。

3. 方案设计

（1）总体方案

方案在两座立交之间两侧各设一条与主线平行的集散车道，路段范围内的所有转向交通均通过集散车道转换，集散车道采用单向双车道基本可满足交通需求，由于车道长度仅600m左右，同时为降低造价，按不设应急车道的单向两车道布置，单幅宽度取9.5m，设计速度50km/h。

与本项目相接的螺洲大桥线位较高，组合互通范围也是大桥的引桥段，南台大道主线采用高架跨越三环路和环岛路地面交叉口，因此两侧的集散车道也采用高架分幅布置在其两侧（图2-4-16）。

（2）螺洲互通

①设计思路

从相交道路性质看，南台大道是福州城区南北向轴线的组成部分，该轴线北起福州火车站，南至青口片区，穿越福州主城区和南台岛的几何中心，是福州城区南北向最长的、最重要的交通通道。南台大道（二环路至三环路段）为城市主干路，2014年规划调整为快速路并按快速路标准建设，2019年建成通车。因此，该节点是福州南向的最重要交通节点。螺洲互通宜按枢纽立交设置互通式立交，至少三环路与螺洲大桥方向应按枢纽立交连接。

从交通量预测结果看，三环路直行交通量远大于南台大道，南台大道（南）与三环路的转向交通远大于南台大道（北）与三环路的转向交通。南三环路（东）转向南台大道（南）交通量为9171pcu/d，南台大道（南）转向三环路（西）的交通量为13112pcu/d，其他两个左转匝道交通量较小。因此，考虑互通匝道线形标准时，应优先考虑南台大道（南）往南三环路（西）的左转匝道。

从交叉口的用地条件看，该互通规划预留用地红线为充分利用立交西侧的河浦杂地作为匝道的展线区域，

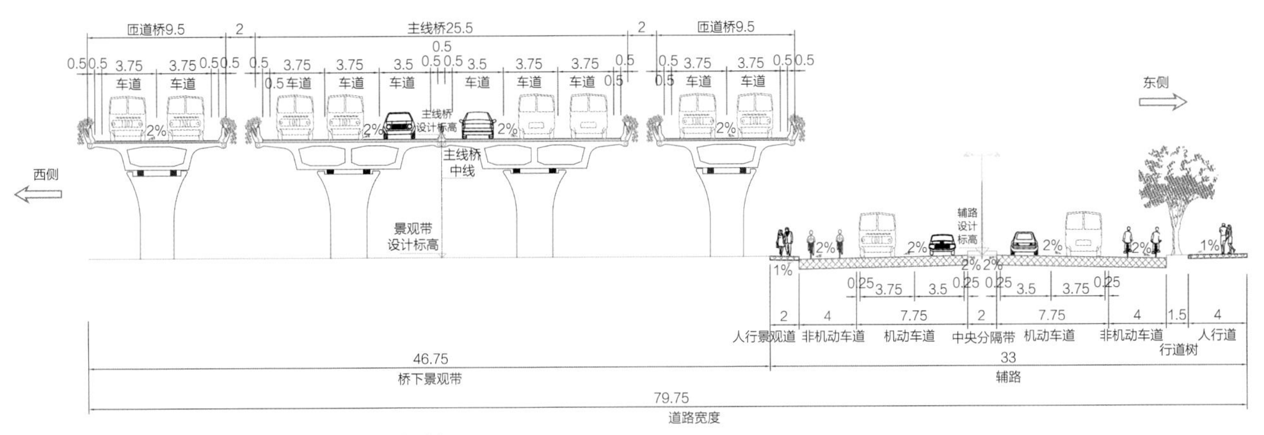

图2-4-16　集散车道方案（图片来源：作者自绘）

结合匝道交通量预测的情况，立交北往东左转匝道可采用环形匝道，南往西左转匝道采用半定向匝道，并在半定向匝道内侧西北象限设置东往南的左转环形匝道，能充分利用用地特点。

②立交方案

根据地形地貌和南台大道（南）两侧设置集散车道的特点，立交方案采用在南台大道西侧两象限设置两条环形匝道，半径均为70m，分别解决南三环路（东）往螺洲大桥方向和南台大道（北）往南三环路（东）的两个方向左转交通。其他两个方向左转交通设置半定向匝道连接。环岛路（东）往南台大道（北）的交通，通过两半定向匝道间设置短匝道转换。立交左右转匝道采用单车道，可基本满足交通要求，匝道标准宽度8.5m。匝道长度大于500m时，设置超车道，标准宽度为9.5m。该节点在初步设计阶段做了三环苜蓿叶互通立交方案与本方案进行比较，由于在技术标准和用地指标上明显不具优势，故不在此赘述。

辅路系统通过设置大型环岛解决交通转换，环道以半地道的形式下穿三环主路，该立交为四层式立交。

③主要技术指标

· 立交类型：快速路与快速路四路枢纽立交（四层）；
· 主要道路等级与设计速度：南台大道（北）——城市快速路，60km/h，南台大道（南）——城市快速路，80km/h；
· 被交道路等级与设计速度：三环路——城市快速路，80km/h；
· 匝道设计速度：50 km/h（环形匝道40 km/h）；
· 道路宽度：主线——单幅桥面标准宽度13.25m（单向三车道）；
匝道——单幅桥面标准宽度8.5m（单向单车道），单幅桥面标准宽度9.5m（单向双车道）；
· 平曲线最小半径：主线R=730m，匝道R=70m；
· 最大纵坡：主线0.5%，匝道3.9%（环形匝道1.82%）；
· 主线占地面积：15.78ha；
· 匝道桥总面积：68708m^2。

（3）环岛路互通

①设计思路

根据交叉口相交道路的性质和预测流向流量的特点，立交宜采用四路十字交叉三路枢纽的梨形立交，以便布设环岛路主线直行路口高架。项目南台大道主线为螺洲大桥北引桥，线位较高，相交道路——环岛路设在中间层，下穿引桥较为合理。但是由于初设阶段螺洲大桥及引桥抬高2m的协调未能达成，环岛路（东）只能上跨螺洲大桥北引桥。环岛路主线桥高架跨越交叉口和帝封江的方案，桥梁长，造价高，对乌龙江的景观影响大。因此，立交按典型三路枢纽立交布置。

②立交方案

立交布设了梨形和喇叭形两个典型的三路立交方案进行比较。环岛路（西）与辅路通过地面平交组织交通；环岛路东西向直行交通通过路段主辅路出入口接入地面平面交叉口。经比较，梨形立交方案匝道线形标准高，匝道最小半径100m，溢出占地面积小，两个左转匝道采用半定向匝道，整个立交平面造型基本沿环岛路对称，略似梨形，造型美观，仅匝道面积略大。因此，选用了梨形立交方案。

③主要技术指标

· 立交类型：快速路与快速路三路枢纽立交（三层）；

· 主要道路等级与设计速度：环岛路（东）——城市快速路，80km/h；环岛路（西）——城市主干路，50km/h；

· 被交道路等级与设计速度：南台大道——城市快速路，80km/h；

· 匝道设计速度：50 km/h；

· 道路宽度：主线——单幅桥面标准宽度13.25m（单向三车道）；
匝道——单幅桥面标准宽度8.5m（单向单车道），单幅桥面标准宽度9.5m（单向双车道）；

· 平曲线最小半径：主线——直线，匝道R=100m；

· 最大纵坡：主线3.43%，匝道3.43%。

4. 存在问题与建议

（1）项目建成几年来，集散车道高峰小时交通量很快趋于饱和状态，稍有交通事故，集散车道就处于拥堵状态，而组合立交区间的南台大道主线实际单向交通量已达1700～2000pcu/h之间，也远大于预测交通量。可见，立交交通预测十分重要，设计时应重视交通预测结果的可靠性。

（2）立交系统相关的项目分属多个不同子项目，一方面，项目间设计协调效果不佳，环岛路立交两条左转匝道上跨螺洲大桥北引桥，使城市南大门景观效果受到一定影响。另一方面，项目缺失了环岛路直行跨越路口及帝封江的路口高架功能，削弱了环岛路节点的交通应变能力。

五、魁岐互通

1. 概况

魁岐互通位于福州东咽喉地带的鼓山东南侧魁岐村，为福州机二高速与三环魁浦大桥的连接点。机二高速城区段与三环路（东）主路共线，双向八车道（含辅助车道），设计速度100km/h，是福州市与东部的机场和滨海新区的重要连接通道；魁浦大桥为城市快速路，设计速度80km/h，双向八车道（含辅助车道）。路线在交叉口范围内跨越福马铁路、江滨大道（城市主干路，双向四车道），交叉口为多路异形交叉口。立交按三环路与机二高速三路枢纽，并与江滨大道连接的复合式立交建设。该立交于2008年随机二高速和魁浦大桥同步建设，2011年建成通车（图2-4-17），通车多年来交通运营情况基本良好。

2. 场地条件与交通量预测

（1）场地条件

交叉口（图2-4-18）位于鼓山山前马蹄形谷地上魁岐村，交叉口范围内有福马铁路、旧福马路和江滨大道等既有道路，东南侧为与魁浦大桥平行的温福铁路，西南侧临闽江。东南象限地势相对平坦，标高在4.7～6.0m之间；西南象限为山前坡地，临江滨路山丘上有多栋原协和医学院的传统校舍建筑，山丘最高处标高为48.0m；魁岐村拟整体异地搬迁。

（2）交通量预测与分析

根据魁岐互通远景2030年交通流量预测（图2-4-19）可知，该交叉口高峰小时各方向转换交通量占交叉口总交通量为：三环主线方向占32.38%，机二高速直行方向占31.99%，魁浦大桥与机二高速（马尾）方向占19.15%，三环路（东）与江滨大道方向占8.1%，机二高速（马尾）方向往江滨大道占0.2%。

三环路（东）往魁浦大桥方向的主路高峰小时交通量为1573pcu/h，交通流量大，为主流方向，其次为机二高速（马尾）往三环路（东）方向高峰小时交通流量为1507pcu/h，魁浦大桥往马尾方向的高峰小时交通流量为914pcu/h，三环路（东）、机二高速（马尾）

图2-4-17　魁岐互通实景（图片来源：福州市规划设计研究院集团有限公司 拍摄）

图2-4-18　魁岐互通场地条件（图片来源：福州市勘测院有限公司 绘制）

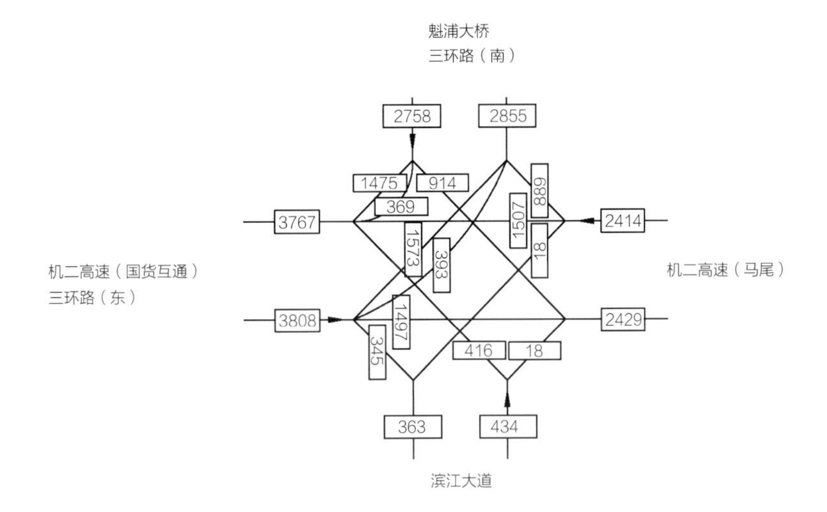

注：弧线为通过辅路转向交通量。
图2-4-19　2030年魁岐互通设计交通量预测值（单位：pcu/h）（图片来源：作者自绘）

方向与江滨大道的转换交通量均较小。

3. 方案设计

（1）设计思路

由于该交叉口的主次交通流向较为明显，根据交通流向分析，该节点主要是解决机二高速与三环魁浦大桥方向的快速转换，同时解决该节点与江滨大道的交通转换，实现三环辅路的闭合和该节点与马尾组团的交通衔接。

三环路（东）纳入机二高速建设，标准比三环路略高，三路枢纽立交实际上是机二高速与魁浦大桥T形交叉，三环方向通过匝道闭合，该方向以设置定向式匝道并机二高速形成双主线为宜。机场往魁浦大桥左转匝道宜利用马蹄形坡地布线，以利于尽量采用路基式匝道。

项目与江滨大道的连接匝道，按地块规划要求，尽量与温福铁路贴近平行布设匝道，以免切割地块。

（2）立交方案

根据以上思路和用地规划红线，本着保护原协和医学院校舍，尽量减少拆迁量的原则拟定了两个方案，见图2-4-20。

方案一：机二高速与魁浦大桥呈T形交叉，三环方向采用定向式匝道连接，机二高速（马尾）往魁浦大桥左转匝道利用马蹄形坡地布设匝道。三路枢纽立交各方向与江滨大道的连接匝道，通过多交叉合并后设置双向四车道匝道，顺温福铁路西侧连接江滨大道，解决了

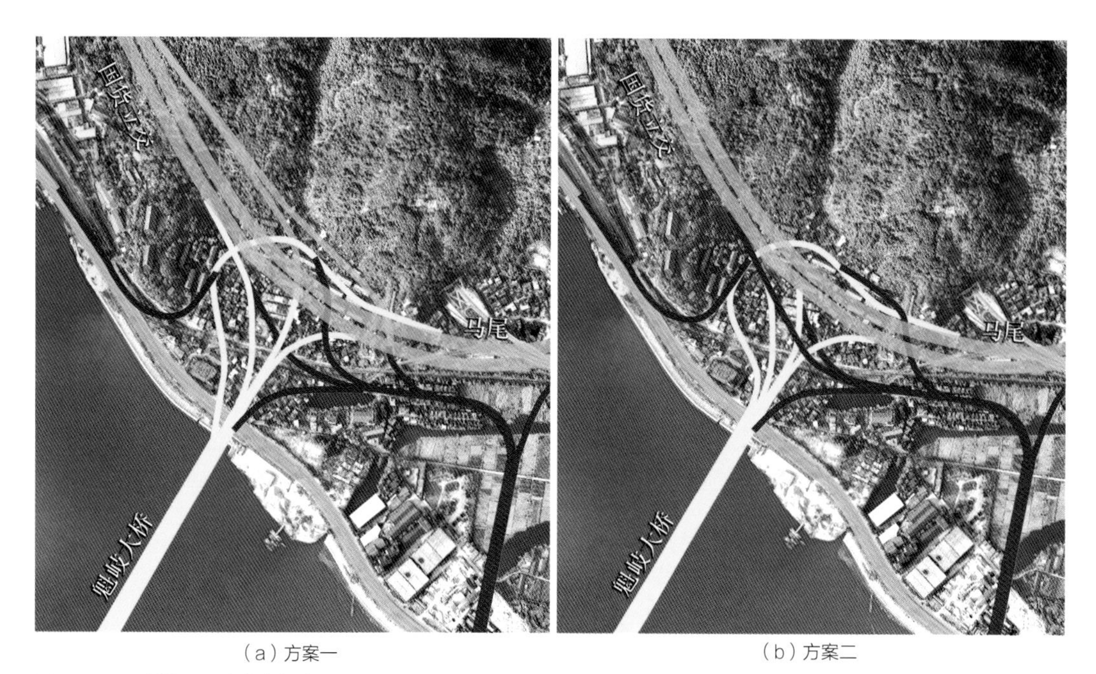

（a）方案一　　（b）方案二

图2-4-20　魁岐互通方案比较（图片来源：福州市规划设计研究院集团有限公司 绘制）

枢纽立交与江滨路的连接，形成复合式立交。机二高速（马尾）方向上下江滨路的流量较小，但考虑到福州市规划行政中心拟迁至魁岐周边，设置该方向落地匝道，方便办公区便捷上下机场高速。立交线形布置紧凑，交通组织较好。

该方案功能较全面，满足交通流量的需求。受地形条件影响，立交范围内的三环路（东）方向除高速公路主线左、右幅分别设有1#隧道、2#隧道外，还需设置魁浦大桥及江滨路往三环东方向的匝道3#隧道。两条匝道的交通流在3#隧道内汇流后与三环路（东）右幅主线合流，按照线形布设要求汇流口需设置在3#隧道内，3#隧道断面由汇流口的三车道逐渐过渡到双车道，存在较长的渐变段，隧道施工放样和开挖均较困难，隧道二衬模板需随着断面的变化而不断更新制作，费用较高；两条匝道在隧道内汇流，通视条件较差，存在较大的交通安全隐患。高速公路主线左幅通过1#隧道后，匝道的分流、汇流及匝道线形布置不受条件影响；江滨大道以及机二高速（马尾）往魁浦大桥方向存在快、慢速车道交织和局部交通交织。

方案二：在方案一的基础上，按三环与高速公路双主线分合流口设置，合流段主线设置辅助车道以保证分合流车道数的匹配。此外，把高速公路主线左右两幅错层布设，魁浦大桥往三环东方向匝道在2#隧道前从左侧汇入机二高速主线右幅，其他方向匝道布设基本与方案一相同。

该方案通过机二高速左右两幅错层布置和部分匝道设计高程的调整，高速公路左右两幅分别设置有高低差的1#隧道、2#隧道，江滨大道往魁浦大桥方向的匝道调整为右侧汇流，避免了该匝道上的快、慢车道的交织。江滨大道往三环路（东）的匝道右侧并入三环左转匝道后与机二高速合流。

上述两个方案功能较全面，能够满足交通流量的需求，并与交通流的性质相适应。方案一受地形条件限制，魁浦大桥与江滨大道的匝道汇流点设置在3#隧道中，3#隧道断面由三车道渐变至两车道，工程规模和施工难度均较大且存在通视条件不良和交通隐患。方案二江滨大道往三环路（东）的匝道右侧并入三环左转匝道后，再从左侧汇入机二高速主线右幅，对高速主线而言交通组织不理想，两个方案均存在机二高速与江滨大道方向车流汇流后往魁浦大桥方向的交通流与往江滨大道方向的交通流交织，但该方向的交通量较小，可采用设置标志、标线加以引导来解决。经综合比较，确定采用方案二。

（3）主要技术指标

· 立交类型：快速路与高速公路三路枢纽的复合式互通（三层）；
· 主要道路等级与设计速度：机二高速——高速公路兼快速路，100km/h；
· 被交道路等级与设计速度：魁浦大桥——城市快速路，80km/h；江滨大道——城市主干路，50km/h；
· 匝道设计速度：枢纽匝道50km/h，接地匝道40km/h；
· 道路宽度：主线——机二高速：单幅桥面标准宽度16.75m（单向三车道），魁浦大桥：单幅桥面净宽15.5m（单向四车道）；
匝道——单幅桥面标准宽度9.0m（单向单车道），单幅桥面标准宽度10.5m（单向双车道）；
· 净空高度：主线及匝道5m，铁路8m；
· 平曲线最小半径：机二高速主线R=720m；三环主线方向R=255m，匝道R=100m；
· 最大纵坡：主线2%，匝道4%。

4. 存在问题与建议

（1）由于行政中心规划位置调至闽江南岸，马尾往江滨大道落地匝道未建设，近年来立交运营流量远比预测流量大，特别是落地江滨大道的交通。此外，三环方向的左转匝道时有交通滞留现象发生。

（2）立交周边区域由于受到自然山水阻隔和新老铁路枢纽的影响，城市道路网密度小，互通的功能需求高，多条落地匝道并入枢纽，枢纽匝道合流带来交通的延误。

（3）项目位于城市中心区外围，交通模型没有及时随周边土地利用和就业岗位规划的变化情况而调整，造成交通预测的不准确性。

六、国货互通

1. 概况

国货互通位于福州市东部的洋里污水厂西侧，是福州市两环一纵快速路基本骨架的一纵（国货—工业路）与三环路的交叉接点，为东三环路与国货路连接线（现称“远洋路”）、鼓山大桥北连接线四路互通立交。立交南邻光明港河，东邻洋里污水处理厂。立交于2008年随机二高速（亦是东三环路）和鼓山大桥同步建设，2010年建成通车，通车多年来交通运营情况良好。该立交与2018年增设了主辅路落地匝道，连接东三环路（南）和鼓山大桥两方向，形成复合式立交（图2-4-21）。

2. 场地条件和交通量预测

（1）场地条件

项目为拟建东三环路（主线也属机二高速项目），与国货路和拟建鼓山大桥相交，该交叉口为K形四路交叉口，西接国货路，国货路现状为城市主干路，宽40m，规划宽度为55m城市快速路，南向为鼓山大桥北连接线，接南二环快速路白湖亭节点，该路标准宽度55m，拟按城市快速路标准与东三环路同步建设。该节点（图2-4-22）位于城市中心区东部冲海积地貌区，地势平缓，标高在5.5～6.3m之间。交叉口东象限为房杂地（洋里污水厂

图2-4-21　国货互通实景（图片来源：福州市规划设计研究院集团有限公司 拍摄）

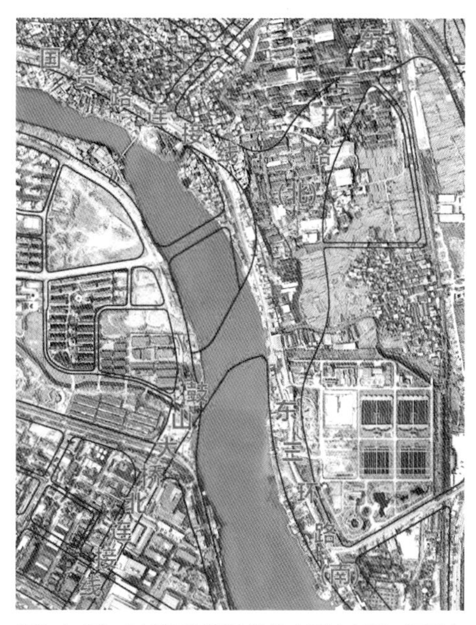

图2-4-22　国货互通场地条件（图片来源：福州市规划设计研究院集团有限公司 拍摄）

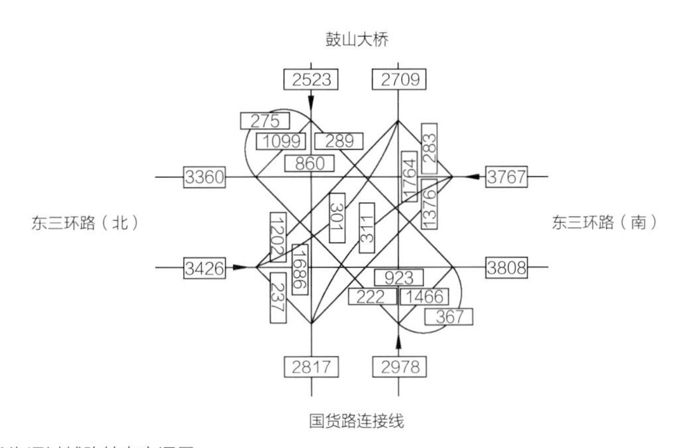

注：弧线为通过辅路转向交通量。

图2-4-23　2030年国货互通设计交通量预测值（单位：pcu/h）（图片来源：作者自绘）

二期预留用地）和洋里污水处理厂，西南象限为光明港河，北象限民房密集。

（2）交通量预测与分析

根据国货节点设计远景2030年交叉口各方向高峰小时交通量预测（图2-4-23）可知，该交叉口交通量主要是三环路主线方向、国货—东三环路（南）方向和鼓山大桥—东三环路（北）方向，占交叉口总交通量的77.8%，鼓山大桥—国货交通量占14.0%，鼓山大桥—三环路（南）方向交通量占4.5%，国货—东三环路（北）交通量占3.7%。

3. 方案设计

（1）设计思路

①项目为三环快速路与两条城市快速路K形交叉，尽管部分左转匝道预测流量较小，道路性质决定了采用枢纽立交比较合适。

②K形交叉口位于光明港河与洋里污水处理厂之间的带状用地内，项目所在区域地质较差，软土层较厚，三环路应尽量临河高架布线，以便在带状用地内布设多条转向匝道。

③主线为路段高架，可布置在最高层，辅路布设在原地面层，半定向左转匝道在中间层，可减少国货路、鼓山大桥方向的引桥引道工程量。

（2）立交方案

该节点前期研究和初步设计阶段，由机二高速项目组织实施。初步设计提出的两个方案（图2-4-24），都按部分互通式立交考虑，方案一、二都缺失了鼓山大桥往东三环路（南）方向的转向匝道，方案二还缺失了国货路往东三环路（北）的左转匝道，该左转交通需经过地面辅路转换。鼓山大桥项目在方案一的基础上增设了鼓山大桥与东三环路（南）方向的联系匝道，形成了最终落地的枢纽立交方案。

建设方案三环路与国货路T形交叉利用三环与洋里污水厂间的带状地形布设A型喇叭形

（a）方案一

（b）方案二

图2-4-24　国货互通方案比较（图片来源：福州市规划设计研究院集团有限公司 绘制）

匝道，环道半径为60m。鼓山大桥方向的转向交通通过半定向匝道连接各方向，形成完整的互通立交系统。由于交叉口三环路以东路段用地紧张，且南段不远处为魁岐隧道，辅路借用光明港河南侧既有滨河道路，通过江滨大道连接魁浦大桥。立交辅路系统通过设置半径55m的中央环岛并架设光明港大桥连接各方向辅路，形成完整的辅路系统。

立交方案构图与规划用地基本吻合，布局较合理，线形流畅，满足城市规划用地要求，达到了快速疏散交通的目的。

（3）主要技术指标

· 立交类型：快速路与快速路四路枢纽立交（三层）；

· 主要道路等级与设计速度：三环路——高速公路兼城市快速路，100km/h；

· 被交道路等级与设计速度：国货路连接线——城市快速路，80km/h；鼓山大桥北连接线——城市快速路，80km/h；

· 匝道设计速度：50km/h（环形匝道40 km/h）；

· 道路宽度：主线——单幅桥面标准宽度16.5m（单向三车道）；
匝道——单幅桥面标准宽度9.0m（单向单车道），
单幅桥面标准宽度10.5m（单向双车道），单幅桥面标准宽度19.0m（双向三车道）；

· 平曲线最小半径：主线R=1180m，匝道R=60m；

· 最大纵坡：主线0.5%，匝道3.9%；

· 主线占地面积：15.78ha；

· 匝道桥总面积：68708m^2。

4. 存在问题与建议

（1）该项目三环路北向1km左右需上跨福马铁路，东三环主路高架线位较高，使东南片区往鼓山风景区的交通接驳困难。该立交于2018年增设了主辅路落地匝道，连接三环路（东）和鼓山大桥两方向，形成复合式互通。目前交通运行基本良好。

（2）该项目处于深厚软基地段，立交分三个项目交叉施工，建筑材料堆放管理混乱，造成多个桥墩早期偏位超限。

（3）该项目位置相对偏僻，渣土违章超高堆弃，造成运营期双排桩桥墩的严重偏位。后经全面普查，纠偏加固后运行正常。

七、洪塘立交

1. 概况

洪塘立交位于福州市西三环路与妙峰路的交叉节点上，妙峰路西向通过洪塘大桥连接上街大学城组团和闽清等县市，东向接杨桥路，与二环路交叉后连接福州市核心区。妙峰路—杨桥路规划为福州西部连接二、三环重要径向通道，妙峰路现状为国道G316城区出入口段，二级公路，规划为宽度50m的城市主干路。

立交按近远期结合随三环快速路项目建设，2009年开始建设，2011年与三环路同步建成通车，通车多年运营状况基本良好，见图2-4-25（a）。2018年启动洪山大桥、洪塘大桥两座跨江桥的拓宽改造，其间的妙峰路同步拓宽改造为快捷路，2021年洪塘立交改造随该项目同步建成，见图2-4-25（b）。

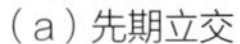

（a）先期立交

（b）改造后立交

图2-4-25　洪塘立交实景（图片来源：福州市规划设计研究院集团有限公司 拍摄）

2. 场地条件和先期项目交通量预测

（1）场地条件

洪塘立交所处的交叉口（图2-4-26）西侧紧临乌龙江，东南象限为妙峰山（最高处标高70m）山前坡地，建有妙峰书院，书院西侧现状为高压铁塔。东北象限为福建农林大学预留用地，地面标高在7.5m左右。现状洪塘大桥宽12m（9m车行道+2×1.5m人行道），桥面标高15.0m左右，通航孔主桥为60m+120m+60m下承式预应混凝土桁架T构桥，紧临场址。现状妙峰路双向两车道，道路南侧有一条与妙峰路平行的架空220kV高压线。西南象限乌龙江江中有福州市著名景点金山寺。

（2）先期项目交通量预测

根据洪塘立交节点设计远景2030年交通量预测（图2-4-27）可知，该交叉口高峰小时各方向转换交通量占交叉口总流量为：西三环路直行方向交通量最大，占50.7%；其次是被交道路直行方向，占20.6%。各个转向交通量中，西三环路（橘园洲互通）转洪塘大桥交通量最大，占14.3%。

3. 方案设计

（1）设计思路

从相交道路的性质来看，该交叉口为西三环路与城市主干路相交，可按一般立交设计。考虑到洪塘大桥—妙峰路为福州市西向重要通道，妙峰路沿妙峰山山坡展线，线位较高，东接洪山大桥，西接洪塘大桥，前后约4km基本无横向交叉，该路段较易实现连续流交通，因此设计应留有远期方便改造为枢纽立交的可能性。

从交通预测结果来看，西三环路与洪塘大桥方向的转向交通大于西三环路与洪山大桥方

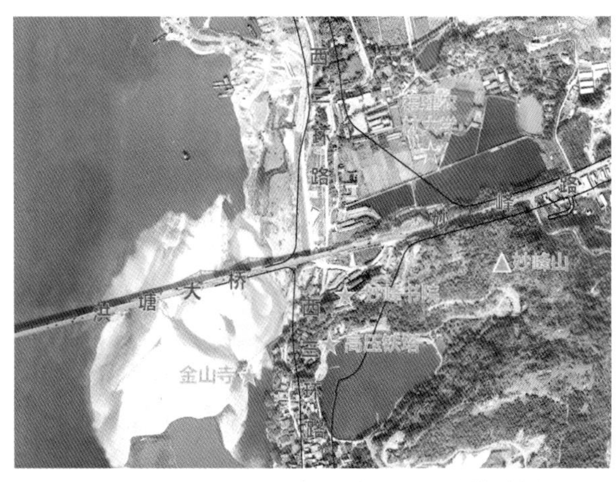

图2-4-26　洪塘立交场地条件（图片来源：福州市勘测院有限公司拍摄）

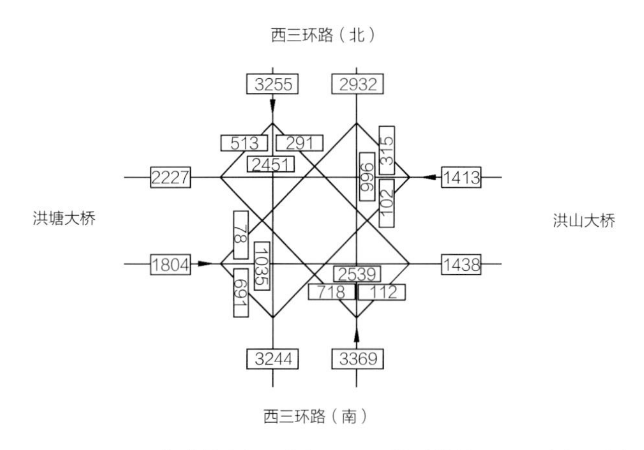

图2-4-27　2030年洪塘立交设计交通量预测值（单位：pcu/h）（图片来源：作者自绘）

向的转向交通，但四个方向的转向交通均不大，选择一般立交可满足交通需求。

洪塘大桥东岸引桥高出现状地坪7.5m左右接入妙峰山西侧坡地，三环主辅路线位宜在引桥桥下穿过，东侧辅路受高压铁塔制约，可设置分离式辅路顺妙峰山缓坡面布线。由于洪塘大桥及妙峰路未随项目同步拓宽改造，洪塘大桥的通航孔主桥离立交较近，且该桥规划为两侧拓宽。因此，立交先期工程建设未布设洪塘大桥方向的转向匝道，待洪塘大桥改造后同步建设匝道。

因场地周边自然环境优美，故立交高度不宜过高，宜采用二层互通式立交，匝道桥梁高度以不超过现状洪塘大桥为宜。

由于先期方案运营年限的不确定性，方案设计原则应保证交叉口交通功能的完整，同时满足远期交通需求，即使妙峰路将来规划等级提升为快捷路，立交改造为枢纽立交，也能全部利用本期匝道桥梁结构，仅对路基段作适当改造。

（2）立交总体方案

根据上述设计思路和该节点用地特点，设置全互通式立交常用的形式是同侧双环苜蓿叶形立交。前期概念方案提出的蝶式互通方案对称、规整（图2-4-28），形似彩蝶镶嵌在乌龙江之滨，与邻近的江中金山寺遥相呼应，得到了建设规划部门的一致认可。

蝶式立交方案按远期搬迁铁塔，设置紧邻主路的辅路，兼作两条环形匝道的集散车道，两条环形匝道平曲线最小半径45～50m。非机动车系统按照与机动车不交织、不冲突的原则，保证主要方向平顺便捷，通过与匝道平行并行或下穿的展线方式组织交通，最大坡度按福州市地方经验选取。

（3）先期立交方案

先期立交方案按照远期易于改造为同侧双环苜蓿叶形立交方一般立交方案进行设计。经比较，最终采用了满足三环东侧辅路功能和交叉口各向交通转换需求的部分互通式立交方案（图2-4-29）。

立交方案利用蝶式互通妙峰路与三环路的两个右转匝道线位，按照辅路设计标准进行优化作为东侧辅路，布设在洪塘大桥引桥一定距离的路基段，与妙峰路形成平面交叉口，辅路偏离主线的距离按照远期两象限内可设置一对最小半径45～50m的环形匝道和双车道集散车道（远期辅路）。立交方案设置四条匝道连接交叉口和三环路的两个方向，形成部分互通式立交。东侧辅路兼具两条匝道功能，另外两条匝道通过适当外移蝶式互通的两条外环匝道，作为调头跨线匝道连接西侧辅路。立交通过两端设置主、辅路出入口与西三环路主线连接。

立交充分利用地形特点布设，避开了既有电力铁塔和洪塘大桥及引桥，满足近、远期的交通需求，也为远期妙峰路可能调整为城市快捷路设置枢纽立交留有条件。立交交通组织方式与菱形立交相似，建成后效果方案见图2-4-29。

图2-4-28　洪塘立交蝶式立交方案（图片来源：作者自绘）

图2-4-29　先期立交方案（部分互通式立交）（图片来源：福州市勘测院有限公司 拍摄）

（4）洪塘立交改造

洪塘立交改造由洪塘大桥设计单位设计，预测的立交远期2039年流量流向见图2-4-30。由于高压铁塔搬迁困难，且对妙峰书院影响较大，同侧双环苜蓿叶形立交方案实施较困难。因此，采用既有东侧辅路分叉地道下穿妙峰路交叉口后合并，以解决东侧辅路贯通以及妙峰路与西三环路右转的交通转换功能。三环路（南）转向洪塘大桥方向的左转匝道在该分离式辅路上设置半径60m的半定向匝道。洪塘大桥转向三环路（北）方向的左转匝道设置最小半径40m的环形匝道。方案在不搬迁既有电力铁塔的基础上，充分利用既有立交桥梁结构，仅对部分路基作了调整，取得了较好的效果。改造后的洪塘立交方案见图2-4-31。

（5）主要技术指标

· 立交类型：快速路与快捷路四路枢纽立交（两层）；
· 主要道路等级与设计速度：三环路——城市快速路，80km/h；
· 被交道路等级与设计速度：妙峰路——快捷路，60km/h；

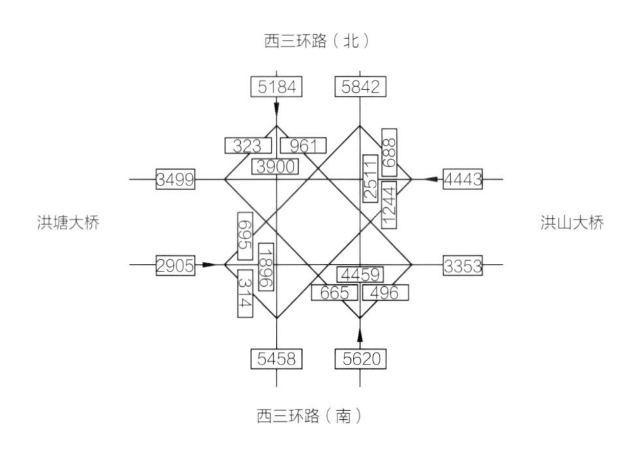

图2-4-30　2039年洪塘立交设计交通量预测值（单位：pcu/h）（图片来源：作者自绘）

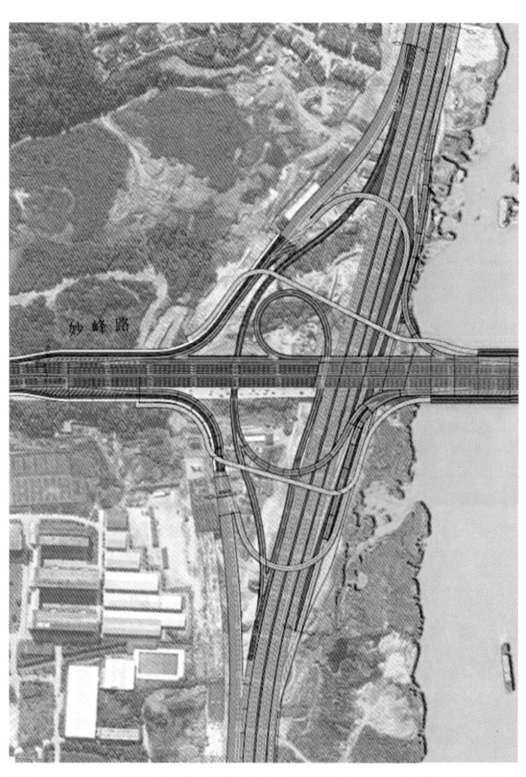

图2-4-31　洪塘立交改造方案（图片来源：福州市规划设计研究院集团有限公司 绘制）

· 匝道设计速度：40km/h（环形匝道35km/h）；

· 道路宽度：主线三环路——单幅路面标准净宽度12.0m（单向三车道）；主线妙峰路——单幅桥梁标准宽度15.75m（单向四车道）；匝道——单幅桥梁标准宽度8.5m（单向单车道），单幅桥梁标准宽度8.5m（单向双车道）；

· 平曲线最小半径：直线，匝道R=60m（环形匝道R=40m）；

· 最大纵坡：主线0.5%，匝道5.0%；

· 净空：机动车≥5.0m；非机动车和人行道：≥2.5m。

4. 存在问题与建议

福州市中心城区路网结构和道路定级基本是在1995年的福州市交通专项规划所确定指标的基础上作了一些调整。由于道路的建筑退距较小，使得道路等级的调整难以到位。城市主干路改造为连续流交通的快捷路会成为道路扩容改造的主要选项。随着城市人口和汽车保有量的快速增长，道路等级的动态调整将是常态。因此，立交的建设方案有条件时应留有发展的余地。

第五节　典型枢纽立交运行评价

从运营情况来看，福州大部分枢纽立交的线形指标与交通量匹配较好，立交能够实现相交道路之间车辆快捷、安全的交通转换功能。立交匝道根据实际功能和用地条件选用，不拘泥于某一固定形式，线形指标基本满足交通转换的需要，未出现指标明显过高，造成资源浪费；也未出现车辆转向速度过快，导致出现行车安全隐患。

早期建设的部分立交，如橘园洲互通、湾边互通等，存在连续两个出口距离较近的情况，时有驾驶人员误判出口。闽江大道立交二环路上下游通行能力不匹配，高峰时段拥堵严重。螺洲组合互通的集散车道、分合流设计指标偏低，满足不了现状交通通行需求，影响立交功能的发挥。

本节以闽江大道立交及螺洲—环岛组合互通作为案例进行分析，介绍立交现状拥堵情况，分析原因，提出拥堵改善方案。

一、闽江大道立交

1. 现状拥堵情况

闽江大道立交的基本概况详见本章第二节，交通堵点主要出现在尤溪洲大桥南引桥往尤溪洲大桥方向的合流区（图2-5-1）。该处汇集了南二环、浦上大道、地面上桥匝道等多股车流，即南二环路（三车道）与浦上大道（双车道）合流后为180m的四车道，随后经60m长的四（车道）变三（车道）过渡段后，闽江大道的车流通过地面上桥匝道按直接式入口形式接入，经180m加速车道后汇入主线（三车道），接入尤溪洲大桥。

在设计闽江大道立交时，该方向的预测流量偏低（高峰小时通行量3697pcu/h），且尤溪洲大桥按双向六车道设置，车道数偏少，无法满足现状交通通行需求，高峰时段经常出现车辆拥堵排队现象，成为福州市主要的合流堵点之一。

从现场视频的高峰小时交通量统计结果（图2-5-2）可以看出，尤溪洲大桥南引桥三股车流汇集的实际交通量为6077pcu/h，比原设计预测交通量3697pcu/h高64.4%。其中，南二环路往尤溪洲大桥方向的交通量为3104pcu/h，比预测交通量2645pcu/h高459pcu/h；浦上大道往尤溪洲大桥方向的交通量为1040pcu/h，比预测交通量861pcu/h高179pcu/h；地面交叉口通过上桥匝道接入尤溪洲大桥的交通量为1933pcu/h，比预测流量191pcu/h高1742pcu/h。可见，当初立交交通量预测对城市化发展水平及机动车增长率的估计偏于保守。

2. 连续合流区车流特征

本次选取视频范围覆盖浦上大道方向、南二环路方向、地面交叉口上尤溪洲方向三股交

图2-5-1　闽江大道立交交通堵点（图片来源：作者自绘）

图2-5-2　尤溪洲大桥南引桥交通流量（图片来源：作者自绘）

通流，长度615m（图2-5-3）。为精确识别合流区交通流特征，将研究范围以10m为间隔做分区，并随机抽取运行车辆若干，利用车辆跟踪识别技术，对闽江大道立交连续合流区域进行统计分析，见图2-5-4和图2-5-5。

图2-5-3　闽江大道立交连续合流区研究范围（图片来源：作者自绘）

图2-5-4　闽江大道立交合流区车辆轨迹识别（图片来源：作者自绘）

图2-5-5 闽江大道立交合流区车辆速度分布（图片来源：作者自绘）

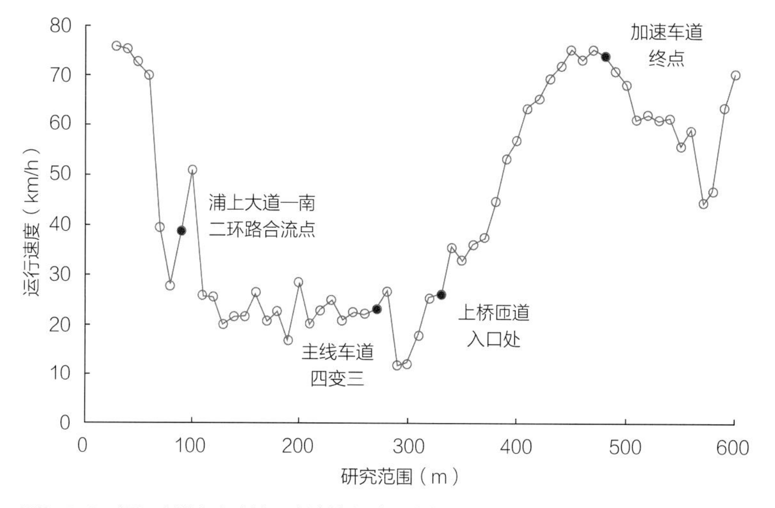

图2-5-6 闽江大道立交合流区车流特征（图片来源：作者自绘）

通过统计分析可知，浦上大道一南二环路合流点至上桥匝道入口处的运行速度最低，平均运行速度为23.63km/h，是全段最拥堵的段落（图2-5-6）。分析其原因，一是二环路两股车流汇入的间距仅240m，虽然满足规范匝道连续出入口间距的要求，但过近的匝道入口影响车辆运行速度；二是上桥匝道的车流量远大于预测流量，原本设计为单车道加应急车道的净宽7.0m的上桥匝道，实际运行为双车道入口。

3. 匝道连续合流区域改善方案

立交合流区的改善方案无非是下游路段扩容、上游分流减少供给。下游路段扩容包括加长合流区过渡段长度或增加尤溪洲大桥桥面车道数。对不同的合流区改善方案（表2-5-1）进行测试。通过Vissim微观仿真发现，现状方案合流区最大可通行5200pcu/h，平均车速为22.09km/h，车均延误81.12s，根据不同方案进行测试，不同方案的改善效果顺序：方案三>方案二>方案一>现状（表2-5-2，图2-5-7）。

尤溪洲南桥头上桥匝道合流区改善方案 表2-5-1

方案	主要内容
方案一	在加速车道末端将160m长的非机动车道改造为机动车道，使得60m长的合流区四变三过渡段延长至220m，加速车道同步向前平移160m
方案二	在加速车道末端将270m长的非机动车道改造为机动车道，使得60m长的合流区四变三过渡段延长至330m，加速车道同步向前平移270m
方案三	尤溪洲大桥拓展为双向八车道，使得$N_C=N_F+N_E$（N_C为合流后的主线车道数；N_F为合流前的主线车道数；N_E为匝道车道数）。同时增设非机动车及行人过江慢行桥

尤溪洲南桥头上桥匝道合流区改善方案评价分析表 表2-5-2

方案	平均车速（km/h）	车均延误（s）	最大可通行车辆(pcu/h）	通行能力提升
现状	22.09	81.12	5200	—
方案一	30.18	38.88	5900	13.5%
方案二	33.34	26.82	6100	17.3%
方案三	41.70	4.86	7600	46.2%

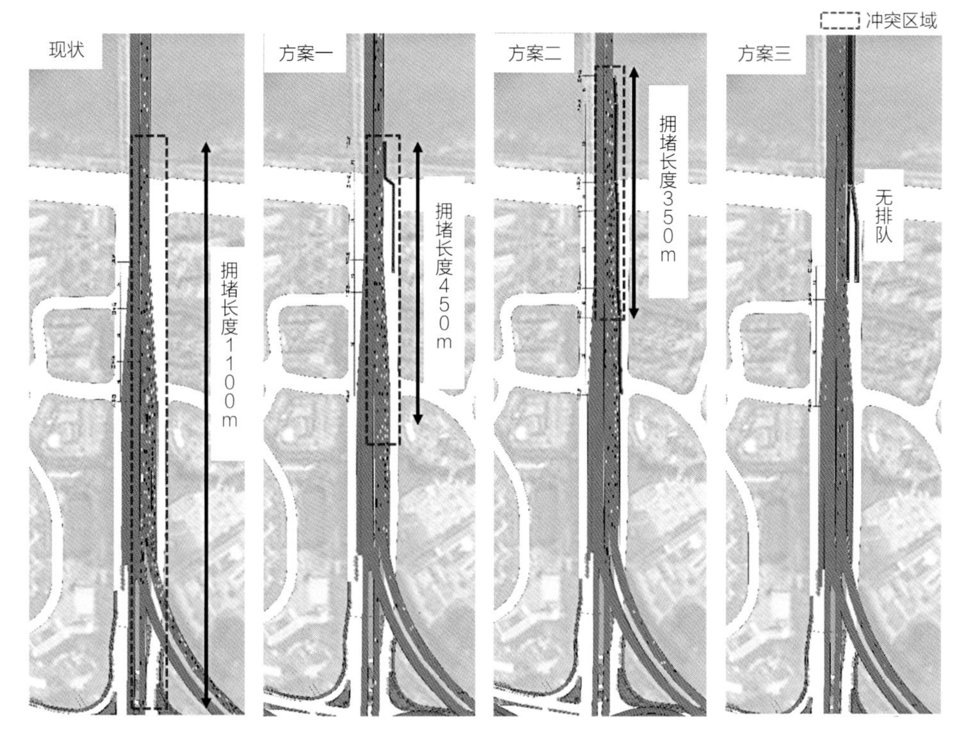

图2-5-7 闽江大道立交合流区方案比较（图片来源：作者自绘）

根据仿真测试，方案一和方案二仍存在合流冲突引发拥堵的问题，相较而言合流区长度越长，其排队长度越短；方案三将桥面拓宽后与衔接的匝道数量相适应，交织拥堵情况得到极大缓解。主管部门组织专家讨论后，拟方案一实施。

上游分流根据目前尤溪洲大桥双向六车道的日通行量为15万辆左右，而上游2km金山大桥双向八车道日通行量仅6万辆左右的特点，设法尽量均衡上下游桥梁的过江交通。分流项目已开始实施，从两个方面入手，一是从立交引出部分进入大桥交通，通过提升闽江大道为快捷路连接与之相邻的金山大桥，二是将与浦上大道平行的金山大道提升为快捷路，吸引部分浦上大道的交通。

减少供给还可把流量较小的浦上大道双车道匝道的外侧车道和二环路主线合流点至上游分流点间的边车道调整为应急车道，使上下游的车道数相匹配。这种解决方案只能理顺该路段交通无序的现象，减少抢道现象而引起的交通事故和高架立交桥上因堵车而产生的较大负载。

二、螺洲—环岛组合互通

1. 现状拥堵情况

螺洲—环岛组合互通的基本概况详见本章第四节。该立交的交通拥堵主要是集散车道的交通量超出其通行能力，导致集散车道合流区域及路段常发生交通拥堵。

南台大道北往南集散车道为双车道，主要承担南三环路（西）右转南台大道（10713pcu/d）、南三环路（东）左转南台大道（9171pcu/h），以及南台大道主线转环岛路（4487pcu/d）的交通。根据预测，集散车道的流量为24371pcu/d，高峰小时通行交通量约2546pcu/h。

南台大道南往北集散车道为双车道，主要承担环岛路（东）转三环路（12928pcu/d）、环岛路（西）转三环路（794 pcu/d）、螺洲大桥右转南三环路（东）（7341 pcu/d）、螺洲大桥左转南三环路（西）（5875 pcu/d）的交通。根据预测，集散车道的流量为26938pcu/d，高峰小时通行交通量约2694pcu/h。

从现场视频流量统计结果可以看出，集散车道及匝道实际运行交通量已经大于设计年限末的预测交通量。集散车道北往南方向高峰小时通行交通量达到3066 pcu/h，比远景设计交通量高20.4%，集散车道南往北方向高峰小时通行交通量达到3276 pcu/h，比远景设计交通量高21.6%。集散车道两个方向的交通状态均已接近饱和。由于单车道匝道设置了超车道，入口处关闭超车道的禁行线缓冲段较短，入口实际交通流往往越过禁行区运行，形成事实上的双车道入口，加重了合流区域的拥堵情况（图2-5-8）。

造成集散车道及匝道交通拥堵的原因主要有：

图2-5-8　现状主线、集散车道、匝道交通流量流向图（单位：pcu/h）（图片来源：作者自绘）

一是项目位于中心城区外围，交通量预测时对城市化发展水平及机动车增长率的估计偏于保守。

二是福州市城区出入城交通，一半以上是南向的厦、漳、泉、莆方向的交通，其他三个方向相对均衡。因此，南向出城的螺洲—环岛组合互通交通量较大。

三是螺洲大桥方向的高速出入口收费比其他城市出入口少，诱增交通量大。福州市所有高速出入口，除螺洲大桥方向的市区连接线由市政部门投资建设外，其他高速出入口的市内连接线均由高速公路投资建设，其里程基本计入对应高速公路一并收费。螺州大桥方向出入口，小汽车单车收费比福州其他出入口少5～13元，离三环路也最近。因此，市民普遍选择该出入口进出城。

四是另一条南向出城通道——福泉高速连接线正在进行快速路改造，施工期南向出入城交通分流至本项目。

基于螺洲—环岛组合互通低收费、通行条件好等因素，使得城区各方向的南向出入城交通过于集中地向该互通聚集，使得该互通建成通车后不久，集散车道及主要匝道高峰小时交通量很快趋于饱和状态，若有交通事故，集散车道就处于瘫痪状态。

2. 连续合流区车流特征

本次选取视频范围覆盖螺洲大桥方向、环岛路方向和部分集散车道路段，长度230m

（图2-5-9）。为精确识别交织区交通流特征，将研究范围以10m为间隔做分区，并随机抽取运行车辆若干，利用车辆跟踪识别技术，对螺洲—环岛组合立交匝道入口区域进行统计分析，见图2-5-10和图2-5-11。通过统计分析可知，匝道入口区-50～20m范围内车辆平均运行速度为30.22km/h（图2-5-12）。

3. 集散车道改善方案

为解决集散车道通行能力不能满足现状交通需求的问题，将现状集散车道由双车道拓宽为“三车道+应急车道”，使其与合流匝道车道数规模匹配（图2-5-13）。经测算，集散车道服务水平由E级提升至C级水平，适应现状需求，并为未来交通需求增长预留弹性空间。

三、典型立交评价

立交匝道入口和合流区是交通症结最为集中的区域，其通行速度受交通量影响较大。当

图2-5-9　螺洲互通合流区研究范围（图片来源：作者自绘）

图2-5-10　螺洲互通合流区车辆轨迹识别（图片来源：作者自绘）

图2-5-11　螺洲互通合流区车辆速度分布（图片来源：作者自绘）

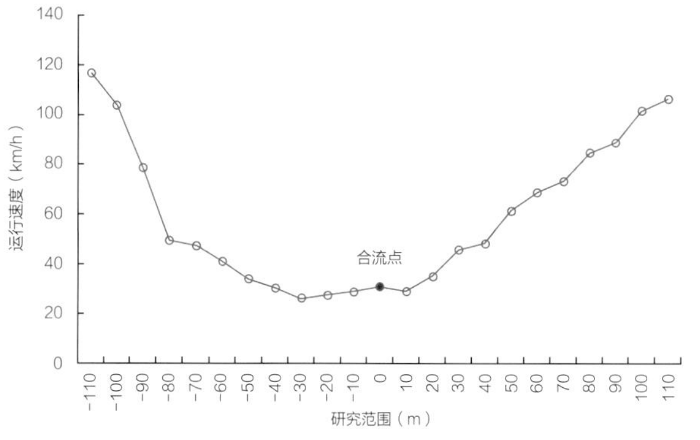

图2-5-12　螺洲互通合流区车流特征（图片来源：作者自绘）

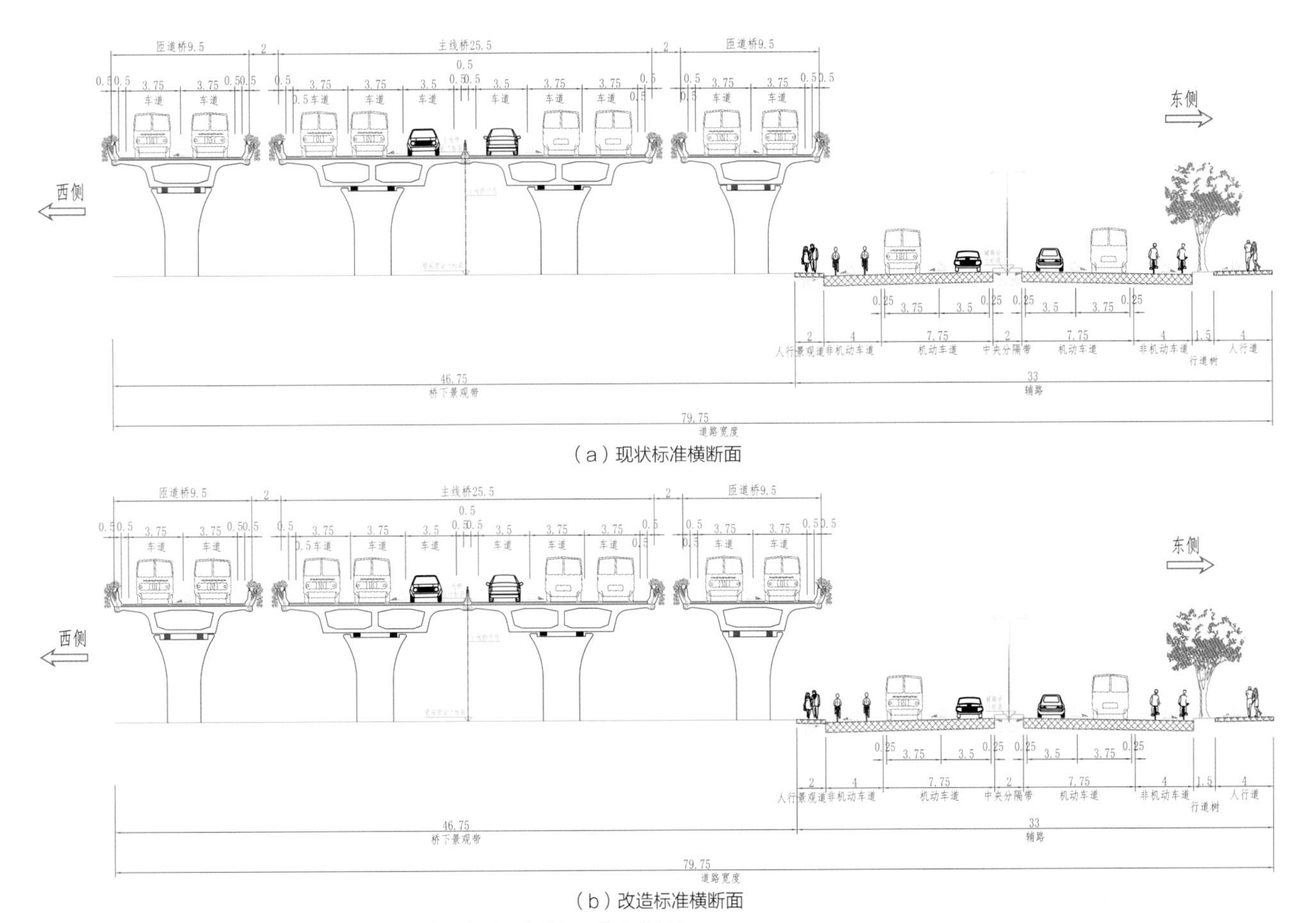

图2-5-13　螺洲—环岛组合互通集散车道改造方案（图片来源：作者自绘）

车流量大于其通行能力时，车辆受干扰严重，合流区平均通行速度仅24km/h左右，远小于设计规范规定的通过速度值，其单车道通行能力约1500pcu/h，远大于规范规定满足立交服务水平标准的设计通行能力。为避免多条匝道合流至主线，在方案设计阶段宜考虑匝道通行能力与主线通行能力的匹配问题。

立交主线的通行能力应与合流的匝道车道规模相适应。多功能叠加的通道，其主线的交通流预测应适当考虑未来交通流增长的需求，在具体方案设计时应预留一定冗余空间，以适应城市发展，将近远期结合考虑，为重要通道的提升改造提供条件，提升重要通道的整体社会效益。

第三章

福州一般互通式立交

第一节 概况

福州市已建成的一般互通式立交中，三路立交3座、四路立交9座。三路立交中，小Y形立交、梨形立交、喇叭形立交各1座。四路立交中，全互通式立交2座，均为同侧双环苜蓿叶形立交，部分互通式立交7座。

一般互通式立交可以是部分互通式立交，也可以是全互通式立交，多为两层式立交。三路立交一般选择前述五种中的基本适用形式，采用全互通立交；四路立交，一般选择解决主要流向的部分互通式立交，多采用三路互通叠合半菱形立交的形式，左转匝道多采用半定向形，以便匝道接入地面交叉口出口道。四路全互通式立交，可选择的立交形式众多，一般根据用地条件和转向交通的实际情况，选择苜蓿叶形立交以减少立交层数。

一般互通式立交，受环境条件限制时，立交次要道路主线可上下行错层或平面分离布置，匝道不拘于枢纽立交中的出入口原则灵活布置。五里亭立交的福马路方向主线偏置并上下行错层，以减少占地规模。乌山立交的乌山西路方向上下行错层并部分叠合，以减少拆迁工程量。新近建设的洪山桥东岸立交，杨桥路—甘洪路方向上下行错层，分别布置在地面层和地下层，以降低立交出露地面的高度，减少对周边环境的影响。

一般互通式立交匝道的设计速度，除五里亭立交环形匝道取20km/h外，一般参照主线设计速度的50%取值，单车道匝道宽度一般取8.0m。

按照立交的建设背景，福州一般立交可分为桥头立交、特殊需求节点立交，如月台立交、尽端式快速道路过渡立交以及重要交通节点立交。

第二节 桥头立交

跨江大桥因防洪、通航等要求与相交道路形成较大高差，可结合引桥高架设置一般互通式立交。福州桥头立交共6座，分别是尤溪洲大桥北立交、琅岐环岛路立交、金山大桥东立交、三县洲大桥南立交、旗山大桥北立交、橘园洲大桥西立交，见图3-2-1。此外，乌山立交是因自然地形地貌，主线路口有较大高差而设置，其立交选型与桥头立交相似，因此纳入桥头立交。

一、尤溪洲大桥北立交

尤溪洲大桥北立交位于西二环路尤溪洲大桥北引桥上跨江滨西大道形成的四路交叉口，

（a）尤溪洲大桥北立交　（b）琅岐环岛路立交

（c）金山大桥东立交　（d）三县洲大桥南立交

（e）旗山大桥北立交　（f）橘园洲大桥西立交

图3-2-1　福州桥头立交（图片来源：福州市勘测院有限公司 拍摄）

西二环路为快捷路，江滨西大道为主干路。立交在既有大桥与江滨西大道两条右转匝道立交的基础上，增设大桥与江滨西大道的两条左转匝道，完善交叉口的转向交通功能。立交采用“半环形立交+半菱形立交”形式。人行、非机动车交通通过设置“井”字形天桥连接多条坡道进行交通转换，坡道坡比采用1/12～1/10，便于电动自行车的骑行。立交于2018年建成通车，由于尤溪洲大桥仅双向六车道，通行能力不足，高峰期匝道入口交通不畅。

二、琅岐环岛路立交

琅岐环岛路立交位于琅岐大桥东引桥上跨琅岐环岛路形成的四路交叉，交叉口东向的通和路和环岛路为主干路，交叉口西向的琅岐大桥及东西引桥为快捷路，连接东部快速路（亭江立交）。立交大桥与环岛路交通转换采用三路半定向的梨形立交，通和路与环岛路交通转换采用半菱形立交。该立交也属于尽端式快速路的

（g）乌山立交
图3-2-1 福州桥头立交（续）

过渡式立交，于2011年与琅岐大桥同步建成通车，目前运营状态良好。

三、金山大桥东立交

金山大桥东立交位于金山大桥北引桥上跨江滨西大道形成四路交叉口，东西向金山大道和上浦路为快捷路，江滨西大道为主干路。立交与金山大桥拓宽项目同步建设，受到周边用地条件的限制，设置了大桥与江滨西大道两条右转匝道和一条金山大桥往江滨西大道（西）的左转匝道，人行、非机动车系统与尤溪洲大桥北立交类似。立交于2018年建成通车，目前运营状态良好。

四、三县洲大桥南立交

三县洲大桥南立交亦称上渡口立交，为三县洲大桥南引桥上跨既有上渡路、上三路、仓前路三路平面交叉口后接入上三路，形成相对异形的四路交叉口，三县洲大桥—上三路方向为主线，线位紧邻仓前山。上三路规划宽度40m，按双向四车道主干路与立交同步建设，上渡路规划为双向四车道主干路，仓前路规划为双向两车道次干路。根据各向的道路性质和交通量预测结果，交通主线首先是大桥与上三路方向，其次是主线与上渡路转向交通，仓前路与其他方向交通转换交通量较小。

因此，立交布置主要解决主线与上渡路两条主干路的三路交叉的便捷通行，同时尽可能解决仓前路与三个方向的连通。根据该交叉口用地为主线单侧橄榄形地块的特点，主线与上渡路三路交叉，把喇叭形立交倒置，利用其半定向匝道和对应的右转匝道作为上下行主线线位。既有上渡路、上三路、仓前路三路平面交叉口的线位基本不变。大桥往仓前路的交通利用橄榄形地块剩余用地设置环形匝道，通过地面平面交叉口转换，仓前路往大桥转向交通，过平面交叉后通过喇叭立交的环形匝道通行。设置上渡路—上三路方向右转匝道，连接喇叭形立交半定向匝道（即上行主线）使该方向交通更加便捷。

仓前路与上渡路—上三路交叉，交通量较小，在引桥下设置环形平面交叉。成型的立交平面造型规整，双环左转匝道在大桥南岸对称布设，与主桥斜拉桥桥塔的竖向扇面相呼应，空间造型生动。

立交于1999年随三县洲大桥同步建成通车，目前高峰期环岛交通饱和，其他流向运营状态基本良好。

五、旗山大桥北立交

旗山大桥北立交位于闽侯南屿柳浪新村，为旗山大桥北引桥与省道203三路交叉。立交根据引桥纵坡特点，采用梨形立交方案，省道203往湾边大桥方向的左转匝道利用引桥净空从桥下穿越，大桥往省道203方向的左转匝道，高架上跨旗山大桥北引道。立交于2014年建成通车，目前运营状态良好。

六、橘园洲大桥西立交

橘园洲大桥西立交为金山大道橘园洲大桥西引桥与乌龙江大道全互通式立交，金山大道为双向六车道主干路（已调整为快捷路），乌龙江大道为双向六车道主干路。立交在堤外按同侧双环苜蓿叶形立交布设，乌龙江大道临江侧设置集散车道集散两条环形匝道进出主路的交通，环道最小半径为50m。橘园洲大桥（东）往乌龙江大道（南）左转半定向匝道与乌龙江大道内侧辅路连接，匝道最小半径为62m。两条半定向左转匝道外侧的乌龙江大道上各设置人行天桥，以解决人行、非机动车交通。该立交为两层式互通立交，桥梁工程量较小。

立交于2019年建成通车，橘园洲大桥左转乌龙江大道的交通量较大，线位位置在右转匝道的外侧，与传统习惯相悖。非机动车交通采用梯、坡道人行天桥，难以通行电动自行车，一般绕行乌龙江大道上的信号交叉口通过或从主线桥机非混行通过。

七、乌山立交

乌山立交位于福州市乌山西麓乌山路和白马路交叉处。原路口为四路异形交叉口，白马路和乌山路（东）为混合交通的双向四车道主干路，乌山路（西）为双向两车道。乌山路（东）分两叉顺乌山西、南两侧山坡分别大坡度接入交叉口中心和右转白马路（北），由于交通安全隐患较大，立交建设前交通组织形式是把坡度相对较缓的右转白马路（北）方向的岔道改为双向运行，形成两个错位的三路交叉口。结合乌山路（西）拓宽改造，为改善乌山路东、西段纵坡条件，设置主线路口高架，结合主线高架设置立交。

根据该交叉口交通特点，立交布线采用乌山路高架直通，高架按上下行错层，北半幅在二层，南半幅在三层，为缩小路幅宽度，减少周边建筑物拆迁，主线下层部分路段侵入上层翼板净空范围形成叠层。利用在白马路路侧空地布设东往南左转及北往东左转定向高架匝道。主线桥按双向四车道布置，桥宽2×8.5m，匝道桥按单向单车道布置，桥宽8.0m。立交乌山路（东）方向两条右转匝道利用两条既有岔道设置，陡坡岔道用作上坡右转匝道。乌山路（西）的左右转交通量较小，通过地面信号交叉口组织交通。

乌山立交于2003年与乌山路西拓宽项目同步建成通车，目前交通运营状态良好。

第三节　特殊节点立交

特殊节点立交是为满足路网节点上交通功能需求而设置的一般互通式立交。福州特殊节点立交共5座，分别是三环路北站立交、环岛路南站立交、洪山桥东岸立交、杨桥—江滨立交、五里亭立交，见图3-3-1。

（a）三环路北站立交

（b）环岛路南站立交

（c）杨桥—江滨立交

（d）洪山桥东岸立交

（e）五里亭立交

图3-3-1　福州特殊节点立交（图片来源：福州市勘测院有限公司 拍摄）

一、三环路北站立交

火车站北广场项目拟在北三环高架内行线设置匝道连接月台，由于三环路出入口间距问题，出口点只能选在三环一洄田路交叉口附近。因此，选用了设置洄田路立交同时解决火车站月台与三环路的接驳匝道的建设方案。立交方案受环境条件限制，仅设置了洄田路与三环路的两条左转匝道，在三环转向洄田路的左转匝道上分岔调头设置紧贴三环的高架匝桥，合适位置再调头跨越三环高架接入火车站月台。

月台出口接入三环高架方案，三环出入口间距可满足要求，但会引入周边社会车辆通过月台上三环高架，建设方案采用月台出口接辅路的方案。立交于2018年建成通车，目前运营状态良好。

二、环岛路南站立交

环岛路南站立交位于环岛路与福州火车南站站前道路（胪雷路）三路交叉，环岛路为快速路，胪雷路为主干路，立交在环岛路辅路与胪雷路布设喇叭形立交，同时通过胪雷路路口高架连接南站月台。立交于2017年建成通车，目前运营状态良好。

三、杨桥—江滨立交

为配合妙峰路快捷路建设，避免快捷路尽端第一个平面交叉口通行能力的严重不匹配，在杨桥路与江滨西大道、西洪路的四路交叉口设置立交。杨桥路和江滨西大道为双向六车道城市主干路。西洪路为双向两车道支路。受交叉口用地限制，设计方案在杨桥路方向设置路口高架的菱形立交和仅解决杨桥路与江滨西大道两向出城交通的部分互通两个方案进行比较，选用了“快出慢进”的节点交通方案，即部分互通方案。该立交于2021年建成通车，运营状态基本良好，高峰时段入城进口道存在交通滞留现象。

四、洪山桥东岸立交

洪山桥东岸立交位于妙峰路洪山大桥与杨桥路和甘洪路三路交叉口，属于尽端式快速道路过渡式立交。妙峰路向西连接三环路洪塘立交、洪塘大桥后连接大学城路网，按快捷路标准建设。杨桥路为东连福州市中心的城市东西向主要道路，杨桥路和甘洪路为双向六车道主干路。受交叉口用地限制，采用定向式三路立交，妙峰路—杨桥路主线布置在地面层，两条左转定向匝道分别采用下穿隧道和高架形式布置，人行、非机动车系统在隧道和地面层之间的空间设置“工”字形地道组织交通。洪山桥东岸立交为四层式立交，于2021年建成通车，目前运营状态良好。

五、五里亭立交

五里亭立交[12]，是福州市首座全互通式立交，同期省内其他地市也修建一座三层蝶形全互通式立交（现已拆除）。全互通式立交在当时被认为是现代交通设施的标志，因此国内早期的立交基本采用全互通。五里亭立交于1992年底建成通车。立交位于连江路与福马路十字交叉口。连江路（后改名为东二环路）南连鳌峰闽江大桥后接入国道G324，北连福州火车站；福马路是国道G104的城区段。因此五里亭节点当时也是国道G104和G324的转换节点。立交南北向连江路原宽16m，规划宽度为48m，东西主线福马路原宽24m，规划宽度45m。两条相交道路均为城市主干路。

立交按三层蝶形互通立交布置，连江路按非机动车道净空要求采用双向四车道路口高架上跨交叉口中心区域后落地。福马路主线线位往南侧偏置并按单向两车道上下行错层布设，两环形匝道平曲线最小半径25m。人行、非机动车系统在地面采用环形平面交叉。两条主线、八条匝道及相应的地面道路组成的机、非分行的全互通立交，立交东西长850m，南北长760m。

由于规划用地较小，匝道半径小，匝道布置紧凑，出入口未设置变速车道，部分左转匝道采用左出左进出入口，技术指标偏低，但立交溢出占地面积小，适合用地相对紧张的南方城市立A_2立交选型。立交运营使用30年，交通运营状态总体良好。2005年东二环路改造为连续流交通主干路即快捷路以来，高峰时段交通量大增，部分二环方向直行交通借道匝道交织运行，有一定的交通安全隐患，但鲜见明显的堵车现象。五里亭立交业主利用桥下空间开发商业建筑以平衡项目投资，使通透的高架立交面目全非，2011年已回购拆除。

第四节　小结

一般立交应在保证快速道路主线连续快速的前提下，本着“能简则简、能小则小、能低则低”的原则进行立交设计，但规划红线控制应考虑路网性质调整的可能性，留有立交发展的用地。对一般相交道路节点，应本着“能平（交）不立（交）”的原则，必须设置立交时，尽量采用下穿方式，以减少对城市环境的影响。

福州一般立交应用较多的是桥头立交，桥头立交分四路立交和三路立交。当堤路同高时，可按正常交叉口选择交叉方案。当堤路不同高时，即滨江路标高低于防洪堤标高，对于桥梁方向为主干路及以上等级道路的桥头四路交叉，引桥下坡段与滨江路交叉宜采用三路互通的形式，引道段与滨江路的三路交叉可采用引道两侧辅路与滨江路的半菱形立交组织交通，形成四路部分互通的立交形式，即“三路互通+半菱形立交”的形式，如琅岐环岛路立交、尤溪洲大桥北立交等；对于滨江路为快速道路的桥头四路交叉可采用全互通的立交形式；对于桥头三路交叉，结合引桥引道纵坡的特点一般采用梨形立交，其两条左转匝道分别采用下穿引桥和上跨引道的形式，如旗山大桥北立交。桥头立交布置应避免信号灯交通，进口道排队车辆溢出到通航孔主桥对桥梁结构产生不利影响。

因自然地形地貌，主线路口有较大高差的特殊节点立交，可结合主线路口高架设置立交。立交的选型与桥头立交相似，如乌山立交等。

高架快速路进出站场月台的专用匝道，可结合邻近道路立交建设，匝道的设置应避免社会车辆借道月台进出快速路高架主路。

尽端式快速路或快捷路的首个路口，其进出口道的通行能力与快速道路通行能力悬殊较大，该路口立交的设计通行能力可取上下游路段中值。设置多方向集散匝道有困难时，可采用主要道路方向的菱形立交或“快出慢进”的立交形式作为过渡立交。

福州市一般式互通立交较少采用全互通式，其主要理由：一是全互通式立交的通行能力远大于路段通行能力，采用部分互通式立交或菱形立交一般能适应交叉口的交通需求，立交体量不大，对环境影响也较小；二是福州市区自行车保有量超一百万辆，近年来基本都转为电动自行车，电动自行车难以通过梯、坡道推行过路口，立交需布置成三层式立交，立交规模和占地都比较大，性价比较低。已建成两座全互通式立交为五里亭立交和橘园洲大桥西立交。其中，五里亭立交是1992年建成的福州首座三层全互通式立交；橘园洲大桥西立交是由闽侯县组织建设的县城首座两层互通式立交，自行车通过梯、坡道人行天桥组织交通，运营状态不佳。

两座互通式立交均为蝶形互通立交，即同侧双环苜蓿叶互通立交，五里亭立交被交主线采用主线偏置并上下行错层，匝道采用左进左出的叠层设计，两环形匝道交织段布置在次要道路一侧，匝道布局紧凑，占地相对较小，平面造型美观，是一般全互通式立交较好的选型之一。

总之，与枢纽立交相比，一般立交因其立交规模和形式的开放性、相交道路上下行主线线位的可调性，以及匝道出入口形式的多样性，加之用地条件相对紧张，对设计者把握交叉口设计的影响因素和综合设计水平要求更高，需要更多的立交方案进行综合技术经济指标评价，才能得到相对理想的建设方案。

第四章

福州菱形立交

第一节　概况

菱形立交是指两条道路十字交叉，主要道路主线以上跨和下穿的分离形式跨越次要道路，同时主要道路两侧斜向引出单向进出匝道接入辅路，并与次要道路平面交叉口，通过信号灯组织实现主要道路转向需求的一种立交形式。由于其外形似菱形形状，故称菱形立交。

菱形立交通常有单点菱形立交、双菱形立交、连续跨越式菱形立交等几种形式，见图4-1-1。

单点菱形立交是主要道路中间车道直接跨越被交道路，外侧车道或辅路与被交道路在地面平面交叉，通过一个信号灯控制车辆转向。与标准菱形立交相比，单点菱形立交减少了一个平面交叉口，简化了路口交通，提高交叉口的通行能力。

双菱形立交是两条相交道路中间车道相互跨越，外侧车道或辅路通过地面平面交叉口实现转向。与单点菱形立交相比，双菱形立交进一步提高了交叉口的通行能力，适合被交道路直行交通量较大的情况。

连续跨越菱形立交是指主线连续跨越多条被交道路的菱形立交组合。这种立交形式一般适用于相邻交叉口间距较近，主线设置落地匝道可能影响下一个交叉口的交通组织及通行能力。连续跨越菱形立交的主线为路段高架，在增加主线行车舒适性的同时，也释放了路段辅路的使用空间，当路段既有地物（如高大乔木等）移动困难时，可使用桥下空间布设辅路。

菱形立交占地面积小、结构简单、造价较低，可保证快速道路主线上直行车辆的快速连续通行；同时通过优化平面交叉口进出口道的车道数和主辅出入口与平面交叉口的间距，一般可适应平面交叉口的服务水平要求。

菱形立交是快速道路与间断流主干路交叉比较理想的一种立交形式，在福州市立交建设中得到广泛的应用，取得了良好的交通效益和社会效益。2005年，福州对闽江以北二环路15km成规模的主干路进行快捷化改造，即在二环路主要路口增设双向四车道路口高架跨越被交道路，其他车道与被交道路平面交叉，形成菱形立交。这种主干路主要节点增设菱形立交，提升为快捷路的模式，当时不少福州市民称之为“新加坡”立交模式工程，褒贬不一。

二环路采用“新加坡”立交模式的理由有二：一是二环路上既有重要节点立交规划用地严重不足，二环路

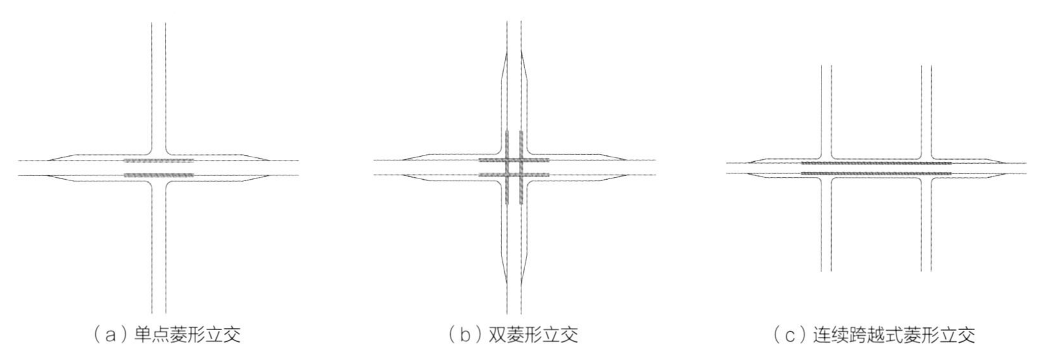

（a）单点菱形立交　（b）双菱形立交　（c）连续跨越式菱形立交

图4-1-1　菱形立交主要形式（图片来源：作者自绘）

为双向六至八车道，不少路段两侧多层建筑物的净距仅48～50m。若采用全线高架，按照双向六车道布置，总宽需25m左右，加上两侧落地匝道最小宽度8m，那么落地段结构总宽度需41m。落地匝道贴近两侧建筑，实施难度大。二是福州盆地软土深厚，内涝水位高，交叉节点既有管线除正常市政管线外还有温泉等管线，加之当时交通量已接近饱和，采用路口下穿形式实施难度较大。综上，闽江以北二环路选择路口高架跨越被交道路，全长共设置了11处菱形立交，14处路面交织段。

闽江以北二环路、南二环快速路以及鳌峰大桥以南的连江路（主干路，正在改造中）组成了福州二环路，全长28km，地面交织段长度在120～630m之间，高架段长度在500～1600m之间，具体分布见图4-1-2和表4-1-1。南二环设计速度为80km/h；其余路段均为50km/h。目前二环路菱形立交已经运营近20年，本章重点对其整体运营情况进行评价。

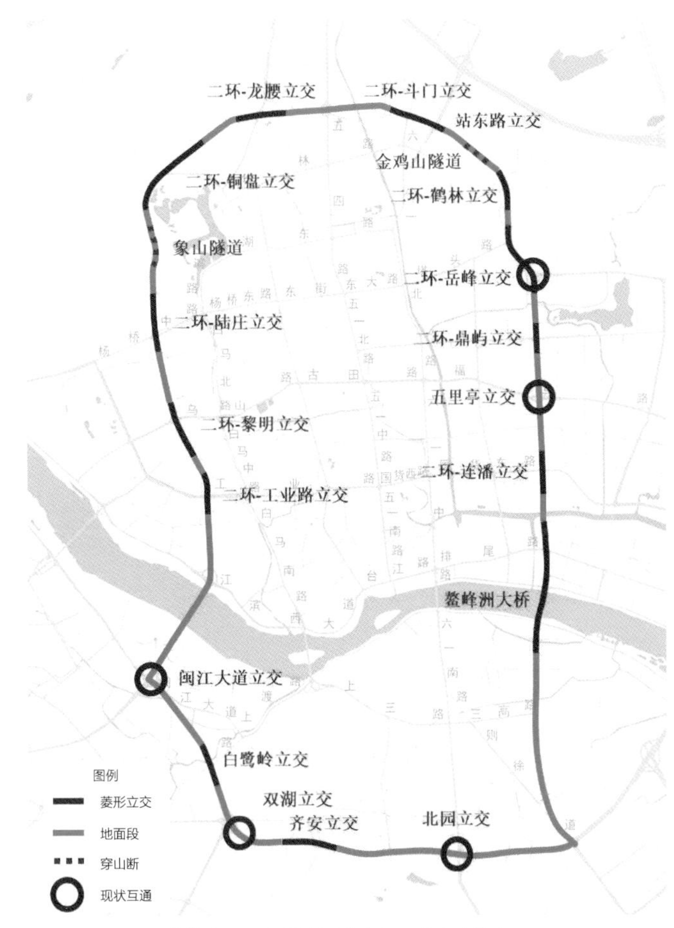

图4-1-2　二环总体布置示意图（图片来源：作者自绘）

二环菱形立交及地面段分布表 **表4-1-1**

序号	路段	立交	道路红线宽度（m）	长度（m）
1		二环—五四立交	55~62	535
2	思儿亭—龙腰路段		48	400
3		二环—龙腰立交	55~60	536
4	龙腰—铜盘路段		48	580
5		二环—铜盘立交	48~62	1560
6	象山隧道		48	700
7	象山—陆庄路段		48	278
8		二环—陆庄立交	48~60	800
9	陆庄—黎明路段		48	600
10		二环—黎明立交	78~80	800
11	黎明—工业路段		48	208
12		二环—工业路立交	48~61	725
13	工业—尤溪洲路段		48	232
14	尤溪洲大桥		70	1414
15		闽江大道立交	80	1085
16		二环—鹭岭立交	70	1103
17		双湖立交	70	1335
18		齐安立交	70	970
19		北园立交	70~84	3055
20	鼓山连接线—则徐交叉口		48	467
21	则徐—三高路交叉口		48	1375
22	三高路—鳌峰大桥		48	743
23	鳌峰大桥		48	1840
24	鳌峰桥—连潘路段		56	385
25		二环—连潘立交	56	515
26	连潘—五里亭路段		56	281
27		五里亭立交	56	710
28	五里亭—鼎屿路段		48	218
29		二环—鼎屿立交	48	535
30	鼎屿—岳峰路段		49~60	290
31		二环—岳峰立交	45~48~60	1110

续表

序号	路段	立交	道路红线宽度（m）	长度（m）
32	岳峰—鹤林路段		46	120
33		二环—鹤林立交	51~70	600
34	金鸡山隧道		50~80	720
35		二环—站东立交	60~77	860
36	金鸡山—思儿亭路段		53	628

闽江以北二环路主要横断面如图4-1-3~图4-1-5所示，道路红线宽度为48m，地面交织段为双向八车道；高架桥段主辅路均为双向四车道。人行过街天桥设置在地面段位置。

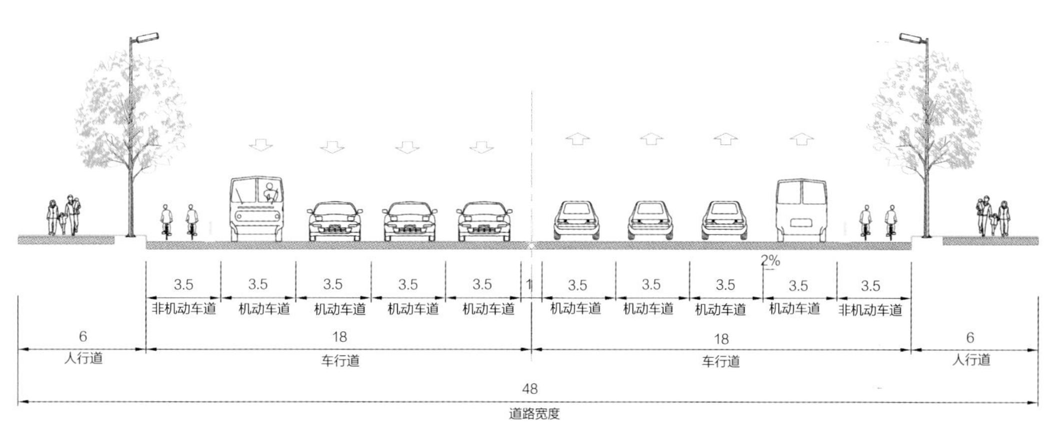

图4-1-3　主辅交织段横断面示意图（图片来源：作者自绘）

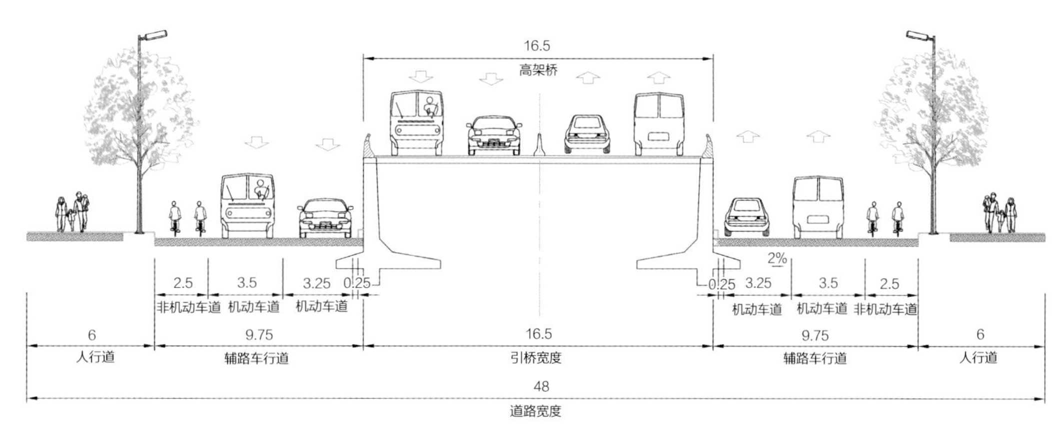

图4-1-4　高架引桥段横断面示意图（图片来源：作者自绘）

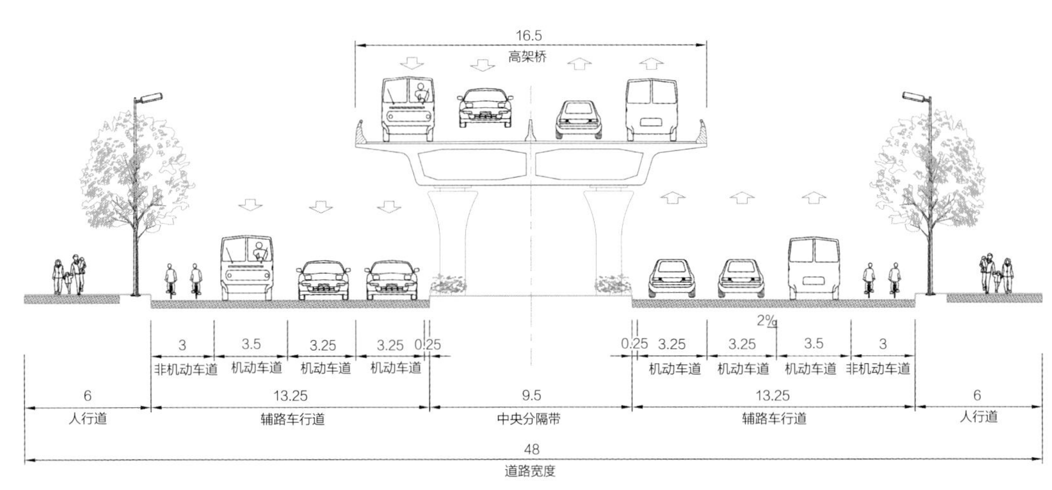

图4-1-5　高架桥标准横断面（图片来源：作者自绘）

第二节　二环路菱形立交交通特征

一、总体运行特征

根据相关统计，福州城区工作日晚高峰（18～19时）在途车辆约19.73万辆，二环路承担重要的骨干功能。其中，西二环路双向高峰流量为7430pcu/h，北二环路双向高峰流量为6584pcu/h，东二环路双向高峰流量为5207pcu/h，南二环路高峰流量为7957pcu/h。二环路拥堵主要分布在桥头、隧道车道收缩的路段、多匝道合流位置及交织段较短的区域（表4-2-1、图4-2-1～图4-2-6）。

二环各路段典型工作日双向交通量（2021年3月）　　表4-2-1

序号	路段	早高峰流量（pcu/h）	晚高峰流量（pcu/h）	日流量（pcu/h）
1	尤溪洲大桥	8952	8827	151386
2	西二环路（尤溪洲大桥至二环—黎明立交）	6116	6254	115307
3	西二环路（二环—陆庄立交至象山隧道）	7479	7939	136572
4	象山隧道	6117	6700	109236
5	北二环路（象山隧道至二环—龙腰立交）	6430	7030	125360
6	北二环路（二环—龙腰立交至金鸡山隧道）	6171	6137	107232
7	东二环路（金鸡山隧道至二环—岳峰立交）	4181	4333	76086
8	东二环路（二环—岳峰立交至五里亭立交）	5619	6154	105371
9	东二环路（五里亭立交至鳌峰大桥）	5040	5400	91630
10	鳌峰大桥	4661	4944	73697

续表

序号	路段	早高峰流量（pcu/h）	晚高峰流量（pcu/h）	日流量（pcu/h）
11	东二环路（三高路至二环—白湖亭立交）	2479	2322	40641
12	南二环路（二环—白湖亭立交至南台大道）	6382	7978	102942
13	南二环路（南台大道—双湖互通）	8261	10326	133239
14	南二环路（双湖互通—尤溪洲大桥）	5967	5569	95754

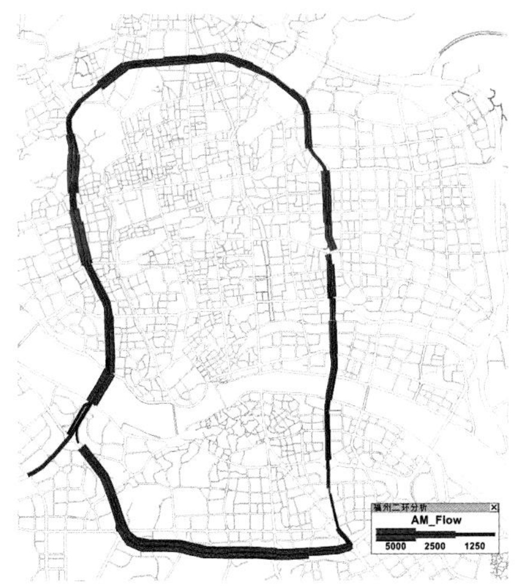

图4-2-1　二环沿线早高峰流量示意图（图片来源：作者自绘）

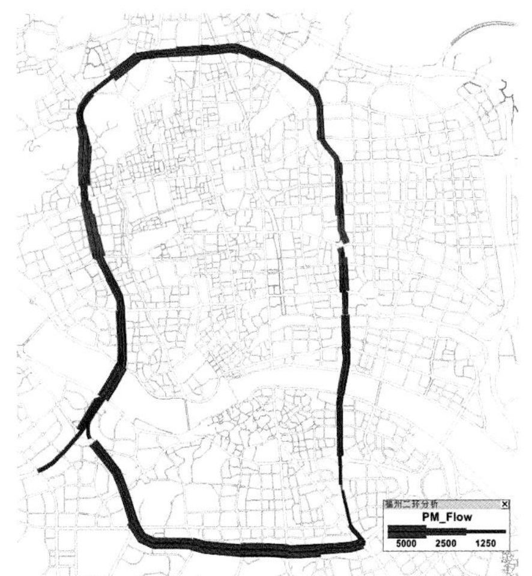

图4-2-2　二环沿线晚高峰流量示意图（图片来源：作者自绘）

图4-2-3　二环沿线早高峰拥堵指数示意图（图片来源：作者自绘）

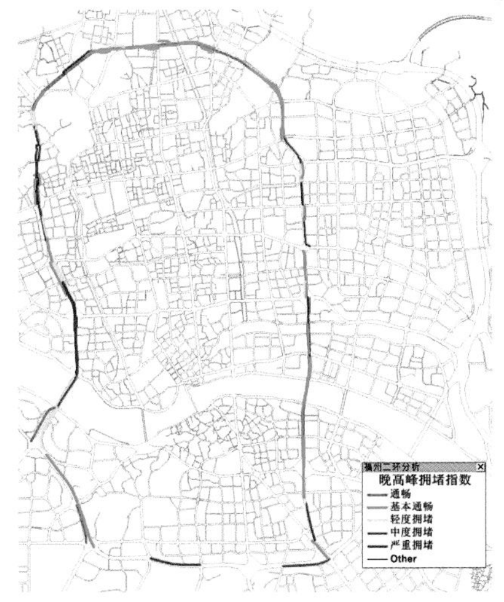

图4-2-4　二环沿线晚高峰拥堵指数示意图（图片来源：作者自绘）

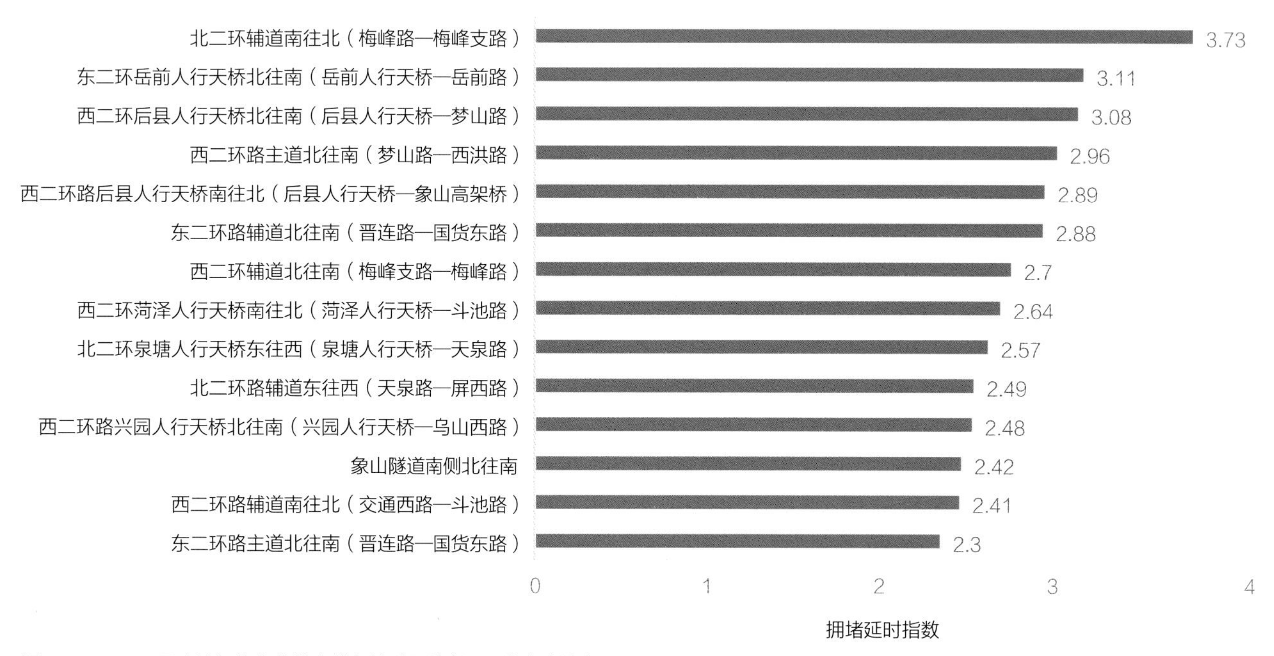

图4-2-5　二环早高峰拥堵指数前十排行榜（图片来源：作者自绘）

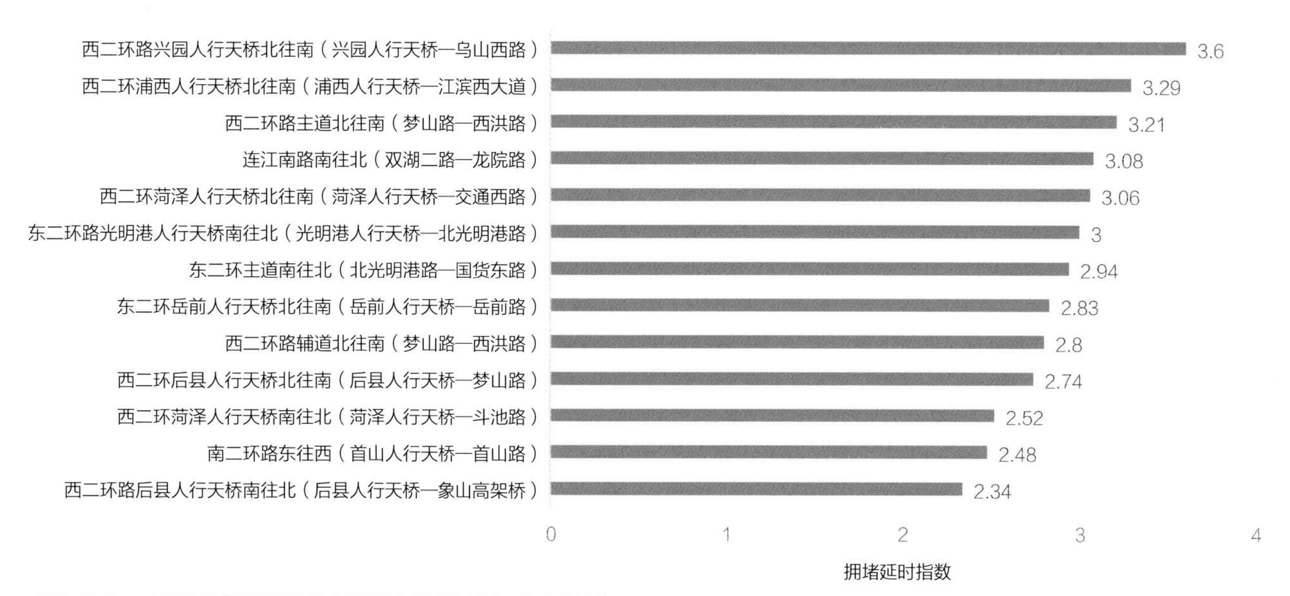

图4-2-6　二环晚高峰拥堵指数前十排行榜（图片来源：作者自绘）

二、菱形立交运行特征

福州二环路菱形立交的交通运行情况见表4-2-2。路口或路段高架单车道最大服务交通量约1800pcu/（h·ln），流量与拥堵延时指数[①]呈正相关关系，而高架段长度与高架的通行能力无必然的联系，高架段上游路段如遇拥堵易向后蔓延影响高架路段。

二环路菱形立交交通运行情况　表4-2-2

立交	早高峰（7～8时）		晚高峰（18～19时）	
	单向最大流量（pcu/h）	最大拥堵延时指数	单向最大流量（pcu/h）	最大拥堵延时指数
二环—五四立交	3610	1.37	3170	1.34
二环—龙腰立交	3153	1.49	2306	1.31
二环—铜盘立交	2537	1.21	2465	1.16
二环—陆庄立交	2803	1.37	1487	1.52
二环—黎明立交	3425	1.84	2594	2.93
二环—工业路立交	3387	1.81	3102	2.33
二环—连潘立交	2570	1.45	2380	2.42
二环—岳峰立交	3056	1.68	1804	3.09
二环—鹤林立交	2990	1.44	2525	2.45
二环—鼎屿立交	3056	1.68	3042	1.82

图4-2-7～图4-2-9为二环路典型菱形立交日内交通运行情况。可以看出：

（1）菱形立交的交通流量呈现双峰形式，早高峰出现在上午7～8时，晚高峰出现在18～19时。高峰时段，三座菱形立交的交通量在3000pcu/h左右，大部分立交拥堵延时指数在1.5～3.0之间，平均速度维持在20～40km/h之间。

（2）菱形立交白天（7～19时）非高峰时段交通量基本在2000pcu/h以上，大部分立交拥堵延时指数低于1.5，平均速度在40～50km/h之间。

---

① 拥堵延时指数为实际行程时间与畅通行程时间的比值。

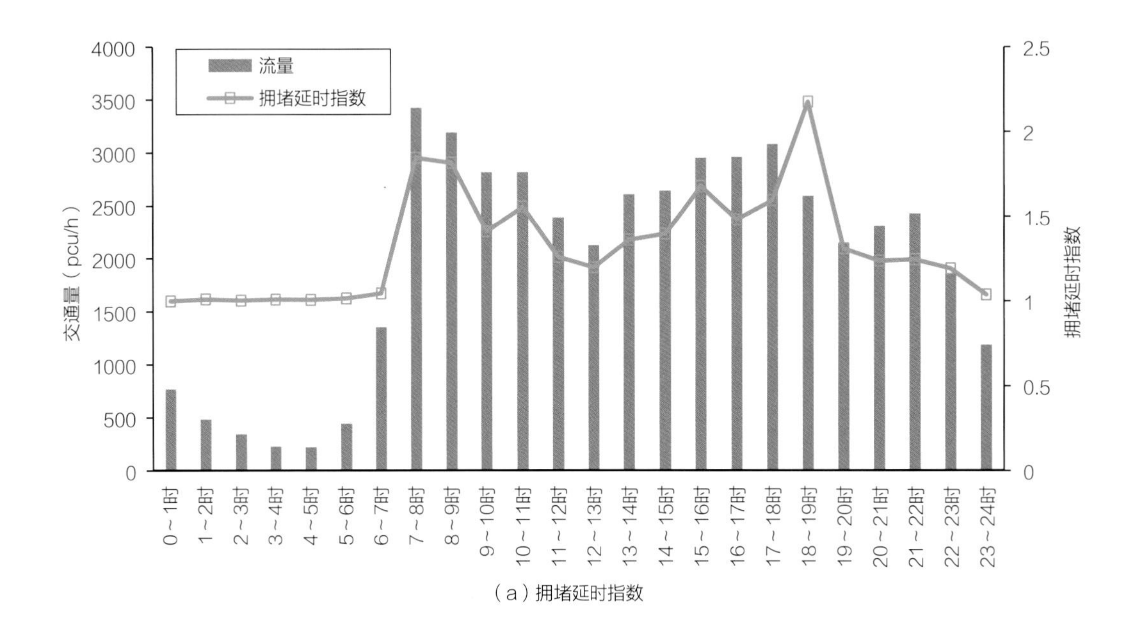

（a）拥堵延时指数

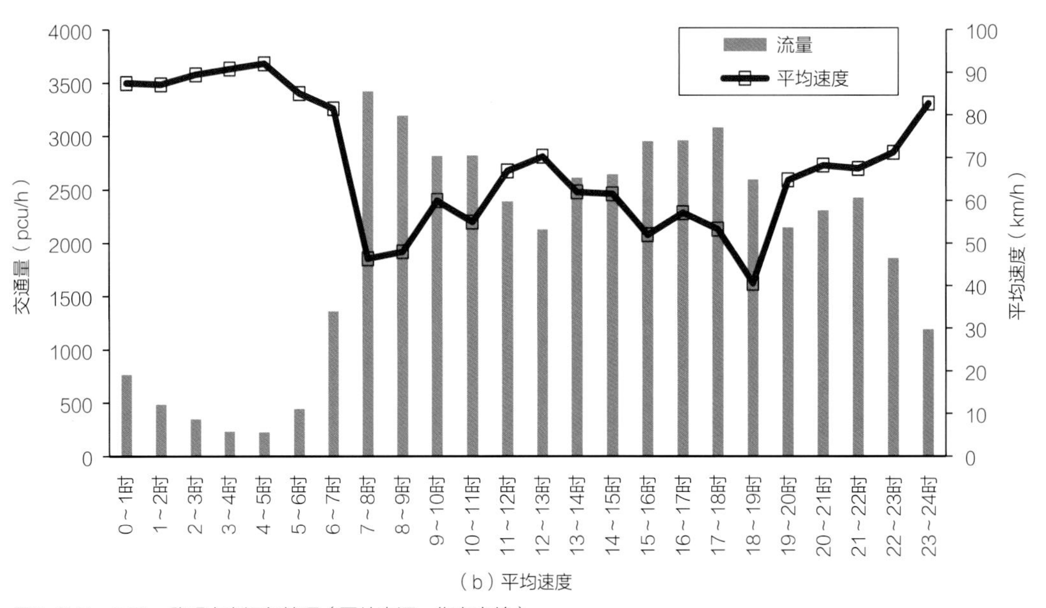

（b）平均速度

图4-2-7　二环—黎明立交运行情况（图片来源：作者自绘）

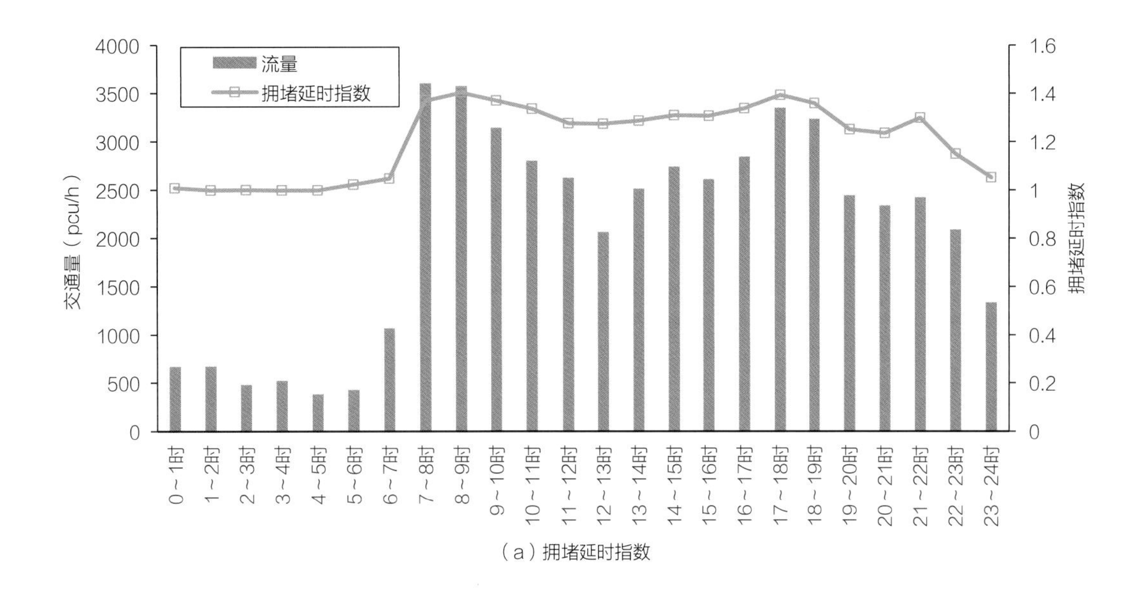

（a）拥堵延时指数

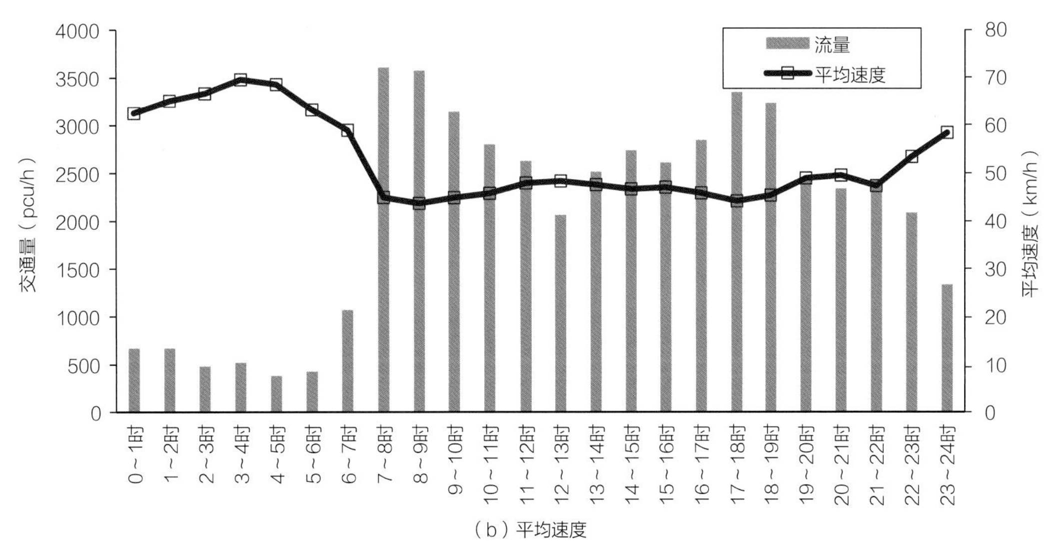

（b）平均速度

图4-2-8　二环—五四立交运行情况（图片来源：作者自绘）

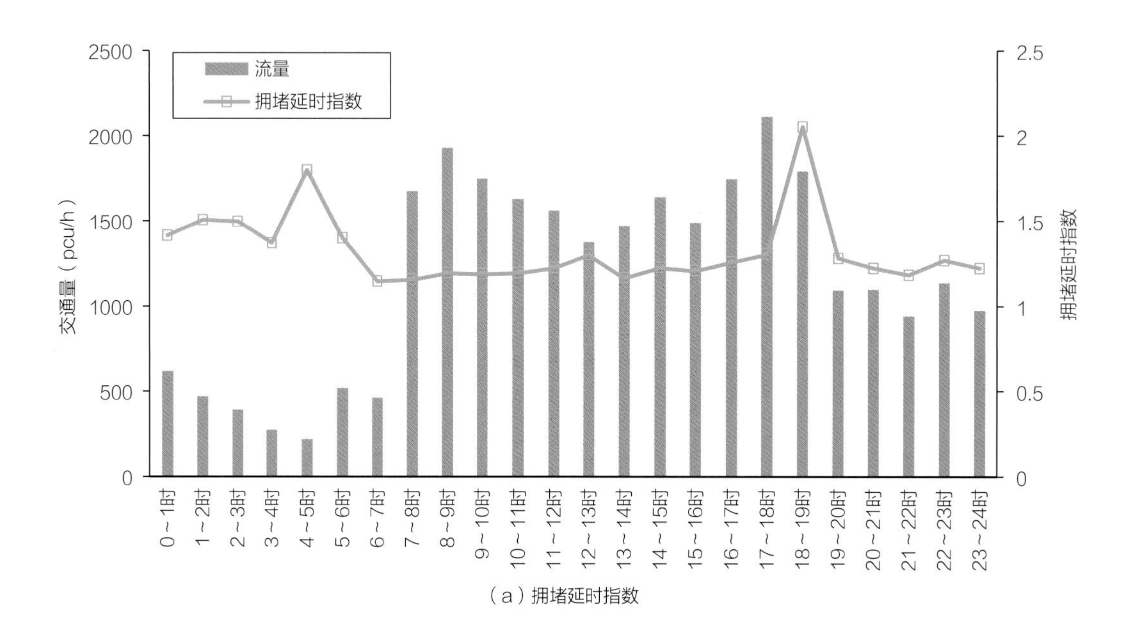

（a）拥堵延时指数

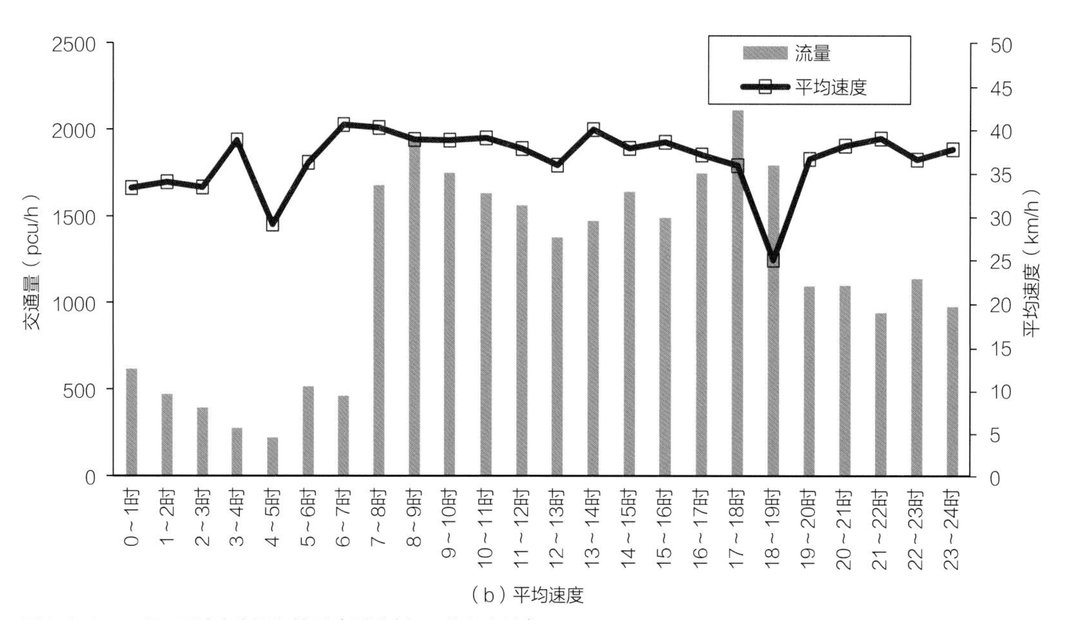

（b）平均速度

图4-2-9　二环—岳峰立交运行情况（图片来源：作者自绘）

三、地面交织段交通运行特征

二环路地面交织段受辅路车辆进出的影响，其最大服务交通量约4800pcu/h（单车道平均1200pcu/h）。

经过相关分析（图4-2-10、图4-2-11），交织段长度小于300m的路段，车辆在较小的空间难以有效变换车道，尤其是在早晚高峰车流量集中时段，易引发拥堵（拥堵延时指数在1.76~3.28之间）。其中，拥堵较为明显的路段有二环—黎明立交至二环—工业立交路段、象山隧道至二环—陆庄立交路段等（表4-2-3）。

此外，二环地面交织段大于300m的路段，拥堵延时指数随着路段长度的增长，其变化并不明显。

二环路地面交织段交通运行情况　　表4-2-3

编号	路段	早高峰（7~8时）		晚高峰（18~19时）	
		单向最大流量（pcu/h）	最大拥堵延时指数	单向最大流量（pcu/h）	最大拥堵延时指数
1	思儿亭—龙腰路段	4355	1.44	4263	1.50
2	龙腰—铜盘路段	4855	1.46	4439	1.36
3	象山—陆庄路段	4396	1.76	4157	2.72
4	陆庄—黎明路段	4821	1.64	3094	3.05
5	黎明—工业路段	3202	2.71	2048	3.28
6	工业—尤溪洲路段	4345	2.73	3415	3.11
7	鳌峰桥—连潘路段	2558	1.55	3239	2.17
8	连潘—五里亭路段	3022	1.45	3010	1.83
9	五里亭—鼎屿路段	3814	1.67	3501	1.83
10	鼎屿—岳峰路段	3534	1.68	3675	3.09
11	金鸡山—思儿亭路段	3785	1.40	3526	1.46

图4-2-12、图4-2-13为二环路典型地面交织段日内交通运行情况。可以看出，福州二环地面交织段高峰时段平均速度约20km/h，拥堵延时指数超过1.5。可见，福州二环路交通问题主要集中在进出匝道分合流的交织区域。

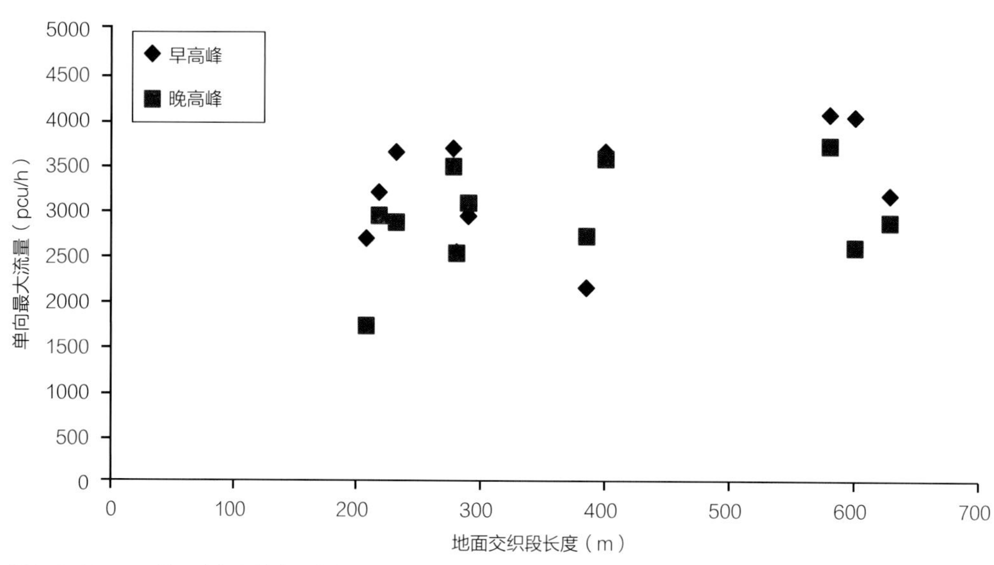

图4-2-10　二环地面交织段单向最大流量和交织段长度的关系（图片来源：作者自绘）

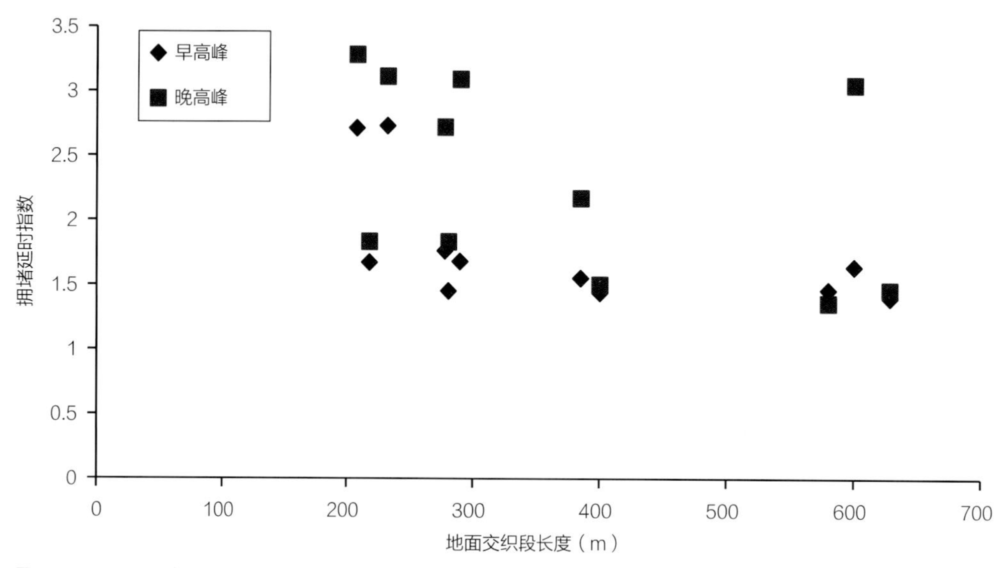

图4-2-11　二环地面交织段拥堵延时指数和交织段长度的关系（图片来源：作者自绘）

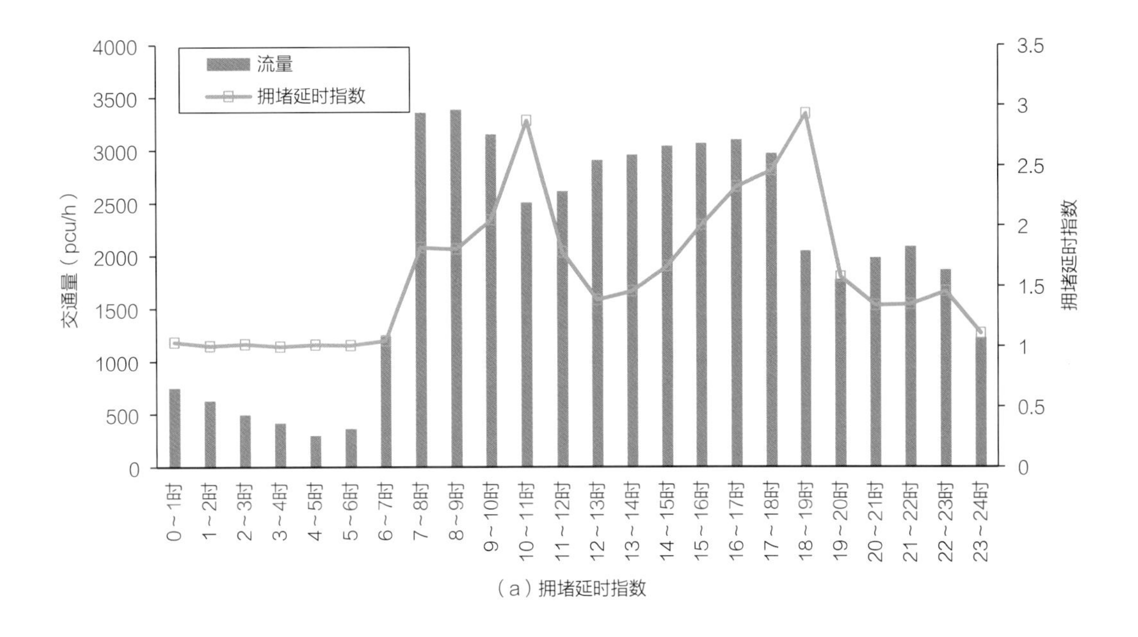

（a）拥堵延时指数

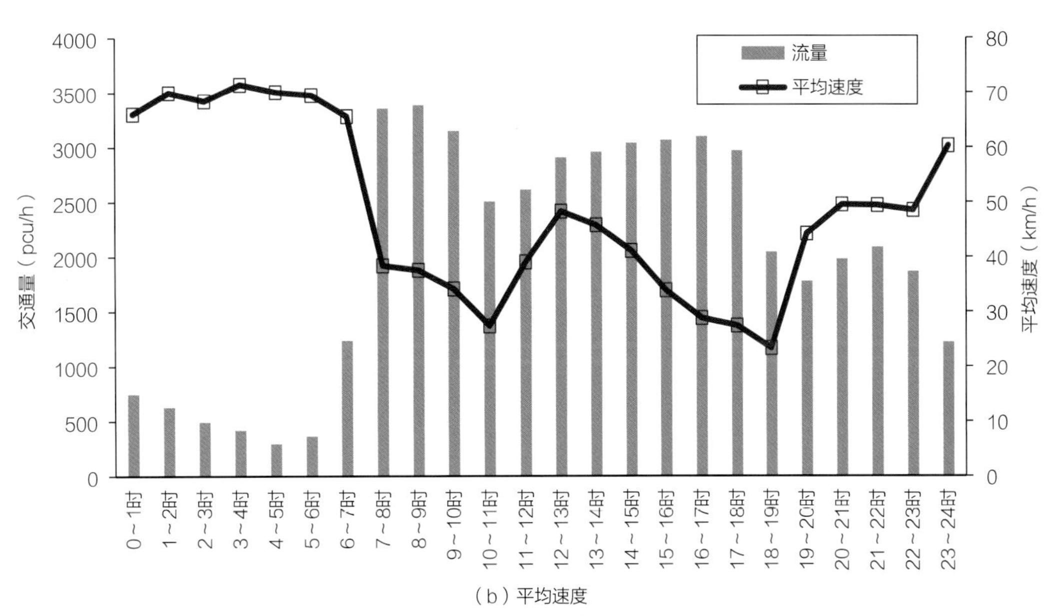

（b）平均速度

图4-2-12　黎明—工业路段交通运行情况（图片来源：作者自绘）

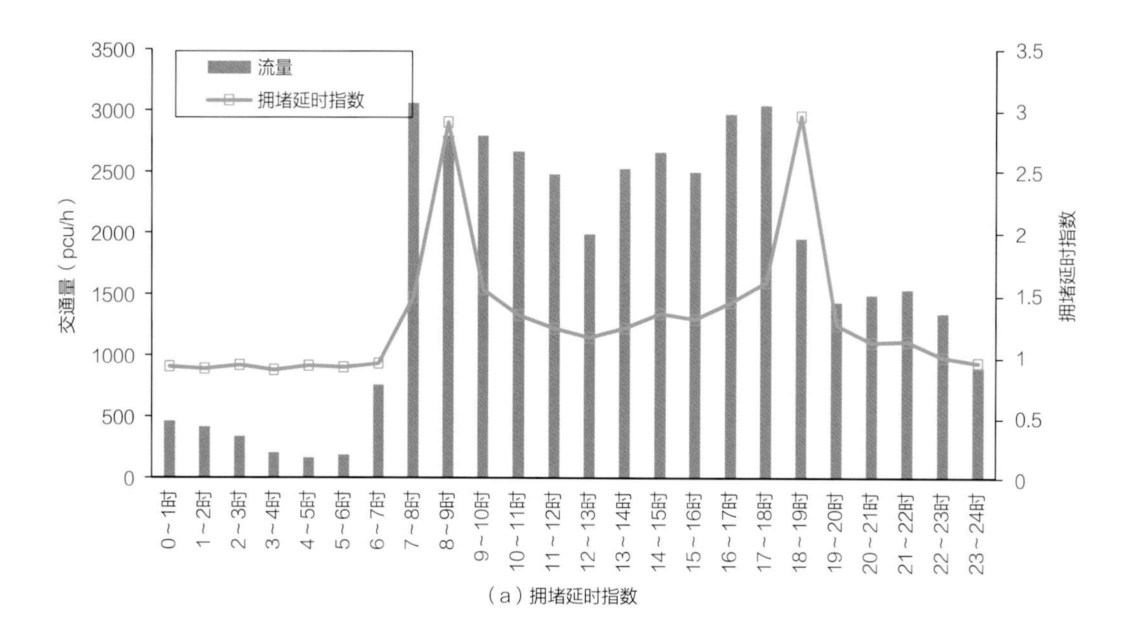

（a）拥堵延时指数

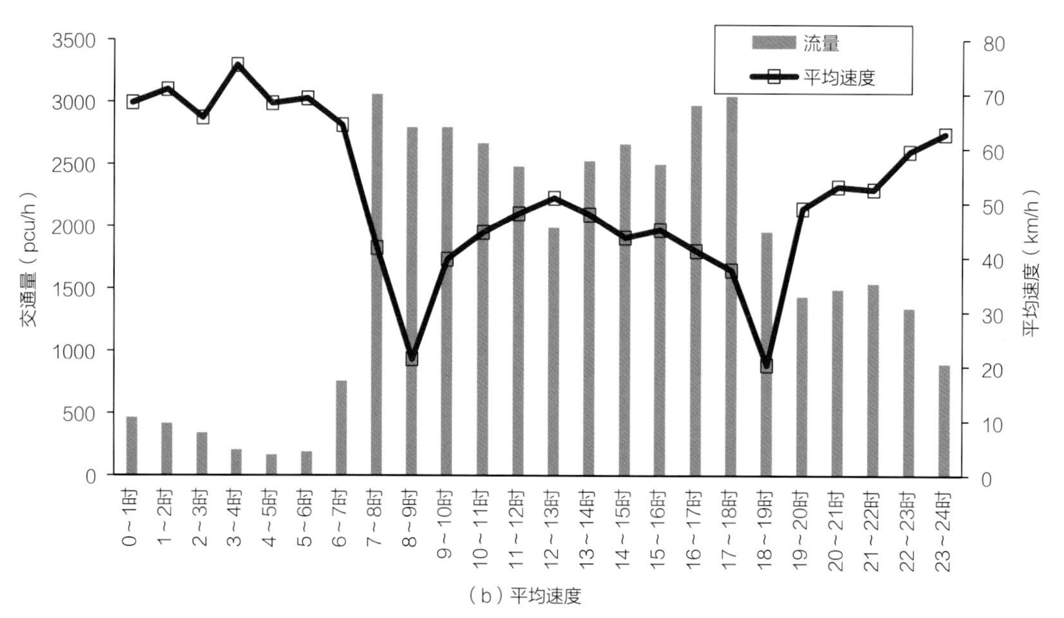

（b）平均速度

图4-2-13　鼎屿—岳峰路段交通运行情况（图片来源：作者自绘）

第三节　菱形立交改造

二环“新加坡”立交模式极大程度上保证主线连续快速通行，同时也带来以下两点问题：第一，地面交织段切割道路两侧用地，降低路网连通性，导致部分车辆需绕行；第二，桥头交叉口的半菱形立交，使得大桥与滨江路无法直接联通。因此，为解决上述问题，开展部分二环路节点改造。如二环—华林单点菱形立交改造为连续跨越式菱形立交，解决了站东路穿越二环路的问题，完善了火车站周边地区的交通网络。原二环路华林路口西往北左转交通也得到明显改善，路口排队长度从350m缩短到120m，东往西排队长度从180m缩短到90m。

为了加强二、三环两系统的有机连接，将二环—五四立交（菱形立交）改造为喇叭形三路枢纽立交。改造后，二环与三环基本实现连续流交通，进一步提高了环线交通效益。该节点的高峰小时总交通量达13645pcu/h，同比改造前的9925pcu/h提高约37.5%。地面交叉口高峰时段排队长度：西往东排队长度从900m缩短到100m，东往西排队长度从800m缩短到120m，南往北排队长度从700m缩短到300m，北往南排队略有改善（图4-3-1）。

尤溪洲北桥头立交上新增尤溪洲大桥与北江滨大道的左转匝道，形成“半环形+半菱形”的立交形式。增设非机动车及人行的H形天桥系统以实现非机动车、行人与机动车的完全分离，提高行驶便利性，消除安全隐患。改造后的尤溪洲大桥双向高峰小时通过

（a）改造前

（b）改造后

图4-3-1　二环—五四立交改造前后对比（图片来源：福州市规划设计研究院集团有限公司 拍摄）

（a）改造前

（b）改造后

图4-3-2 尤溪洲北桥头立交改造前后对比（图片来源：福州市规划设计研究院集团有限公司 拍摄）

断面总交通量达10270pcu/h，同比改造前的9070pcu/h提高约13%；江滨西大道（二环路至白马路路段）高峰小时通过路口总流量为4400pcu/h，同比改造前的3620pcu/h提高约21%。交叉口进口道排队长度：二环路江滨路口高峰时段东往西排队长度从600m缩短到150m，二环路工业路口高峰时段南往北辅路排队长度从650m缩短到450m（图4-3-2）。

第四节 小结

福州二环路受道路红线宽度及相交道路间距的制约，采用主要路口设置菱形立交对主线部分车道进行连续流改造，极大提高了二环路的通行能力。因其改造周期短，投资小，交通效益回报高，在福州市主干路快捷化改造得到较多的应用。

福州二环“新加坡”立交模式高架桥单车道最大服务交通量约1800pcu/（h · ln），高峰时段平均速度可维持在20km/h至40km/h之间。地面交织段受辅路进出的影响，单车道最大服务交通量约1200pcu/（h · ln），高峰时段平均速度约20km/h。同时，经过相关分析二环地面交织段长度小于300m易造成进出交通流相互交织而引发拥堵，建议在实际应用中交织段保持在300m以上。

另外，根据福州实际运行情况，二环“新加坡”立交模式极大程度上保证主线连续快速通行，同时也存在一些问题需提前做好规划：（1）加强地面交织段两侧用地联系，如设置分离式立交，以提升路网连通性，避免车辆不必要绕行；（2）枢纽立交节点应同步按相应标准建设，以提升路网的运行效率。

福州主城区地势较低，易发生内涝，且大部分区域软土深厚。受自然条件影响，早期建设的菱形立交多采用高架跨越，对城市景观造成一定影响。建议在抗涝能力强、地质条件较好的路段，尽量采用下穿跨越被交道路的菱形立交，以降低对景观的影响。

第五章

福州环形立交

第一节 概况

环形立交（亦称转盘式立交、环道式立交），是由环形平面交叉口演变而来，用一条公共环道来实现各个方向车辆转向的立交形式。公共环道使所有进入的车辆绕中心作单方向转弯绕行，以相互交织运行的方式消除所有交叉冲突点。根据交通流的分离层次，环形立交可分为双层式、三层式和四层式等多种形式。双层式是将车辆与地面人行、非机动车分离，所有方向的车辆直行和转向均在环道上完成；三层式是在双层式的基础上，将一个方向的直行车辆通过上跨或下穿环道，实现与该方向转向车辆的分离；四层式是两个方向直行车辆均上跨和下穿环道。

在20世纪80~90年代，我国大部分城市机动车交通量不大，而非机动车交通量较大，机动车与非机动车间相互干扰严重。在此背景下，为实现机非分离，环形立交开始在我国发展起来。北京、广州、天津等大城市最早开始建设环形立交，著名的有北京西直门立交、北京安定门立交、广州区庄立交等，随后中等城市也开始相继建设。环形立交用地较省，一般可在平面交叉口规划用地内改造，影响面小，造价低，适用于三路Y形交叉以及四路及以上的多岔路口。

第二节 福州市环形立交案例

福州于1986年至1992年先后建设了3座环形立交，即桥北立交、洋头口立交、紫阳立交。其中，桥北立交为三层式环形立交，洋头口立交和紫阳立交为机非分行的两层式立交，紫阳立交采用小岛环交模式建设。三座环形立交在近20年的运营、运行中发挥重要作用，因无法满足交通发展而相继被拆除，改为信号控制平面交叉口。

一、桥北立交

桥北立交位于六一路闽江大桥北岸与排尾路交叉口，是当时市区内连接闽江两岸可供通行重载的唯一通道，是往来于火车站与机场间的必经之路。

桥北立交为三层式环形立交。底层为人行、非机动车通行，4条引道下设有宽度9m、净高2.8m的供行人和非机动车通行的桥孔；二层为左右转及次要道路直行车辆通行，环道内直径50m，宽12m，设右转车道、左转车道、直行车道各1条；三层为六一路南北向直行车辆通行，长度450m，车道宽9m，设双向两车道。2014年1月，桥北立交随六一路和排尾路的拓宽改造而被拆除，改为信号控制平面交叉口。

二、洋头口立交

洋头口立交（图5-2-1）位于福州当时交通量最大的八一七路与国货路交叉口。八一七路和国货路是福州市民主要的通勤道路，机动车与非机动车的相互干扰严重。为解决机非干扰问题建设了洋头口立交，于1987年12月建成通车。

洋头口立交为双层环形立交，上层为机动车道，环道内直径40m，外径68m，供机动车通行。底层为非机动车和人行道，环岛直径20m，环道宽度7m，东西向（国货路）引桥桥面净宽13m，双向四车道；南北向（八一七路）引桥桥面净宽9m，双向两车道。

洋头口立交桥梁主体结构采用整体圆环形式钢筋混凝土结构，以提高结构的整体性。整个圆环板直接支撑在15排30根独立墩柱上，墩柱之间的径向间距7m，墩柱与环板之间采用盆式橡胶支座。这种结构形式类似建筑结构的无梁楼盖，这在当时国内尚属首创。

2008年，该立交随八一七路、国货路道路拓宽改造而被拆除，改为信号控制平面交叉口。

三、紫阳立交

紫阳立交（图5-2-2）[13]南北向为市区主干路六一路，西接主干路古田路，东接福马公路（现称福马路）。原交叉口为直径42m的平面环岛交叉口，车辆通行量达到4万次/日以上，自行车则超过20万次/日，使得交叉口呈超饱和状态。由于机动车和非机动车混行，交叉口堵车严重。因此，1991年决定修建立交。

在紫阳立交建设之前，福州已经建成了洋头口立交和桥北立交。从运行效果上看，这两座立交通行速度低，时有堵车现象发生。因此，紫阳立交在设计招标时，要求投标单位总结原有立交的设计经验，有所创新。在此背景下，紫阳立交当时有五个设计方案参加比选，最终选用“双层分离式小岛环交”方案，这也是我国首次采用“双层分离式小岛环交”方案。

紫阳立交二层平面（机动车交通）设计成中心岛半径10m，外半径30m的小岛大圆环。环道车道宽度为20m，比原有环道宽5m。进入环道的车道从两车道宽展到四车道，平面形成非对称星形状，并设计了导向岛和让车区。

紫阳立交建成后运行效果一般。其原因一是大量进出城的大型货车从紫阳立交通过，时有堵车现象；二是驾驶员的素质参差不齐，对“小岛环交”的交通规则并不遵守，抢道进入环道的现象经常发生，导致环道交通“锁结”。因此，紫阳立交在建成后不久就改为信号控制。

2015年4月，紫阳立交随着地铁2号线建设而被拆除，改为信号控制平面交叉口。

图5-2-1　洋头口立交实景图（图片来源：福州市规划设计研究院集团有限公司 拍摄）

图5-2-2　紫阳口立交实景图（图片来源：福州市规划设计研究院集团有限公司 拍摄）

第三节　环形立交交通特征

环形立交通过将汽车引导至架空层来实现机非分离。三层式环形立交实质上是排除非机动车和行人干扰，仅供汽车专用的菱形立交，即被交道路及转向机动车通过二层环形平面交叉口组织交通，非机动车和行人通过底层平面环形交叉口组织交通。两层式环形立交实质上是将非机动车和行人干扰隔离在底层的环形平面交叉口。因此，环形立交是一种相对理想条件下的环形平面交叉口，对机动车流量不大的交叉口是性价比较高的一种交叉口交通组织形式。

一般而言，环道上的车辆只要有足够间隙，入口处车辆即可插入环道。因此，对交通量小的情况，环形交叉可以实现连续流交通。随着交通量增大，环道交织严重，传统环形交叉口入口处车辆往往强行进入环道迫使环道车辆刹车，使得整条环道上排满车辆，车辆既进不来环道，也出不去环道，出现“锁结”现象。因此，普遍认为环形交叉口的交通能力较低，无法适应当代交通发展需求。

基于此，本节采用交通仿真软件VISSIM，以四路环形交叉口为例，研究车道数、车道展宽、环道直径、分流比等因素对环形交叉口通行能力的影响。

一、参数设定

以四路环形交叉口为例（图5-3-1），假设每个入口的几何和交通条件相同，路段进口道车道宽度3.5m，设计速度50km/h，建模时通过设置优先规则来实现环道入口“入环让行”规则。研究车道数、车道展宽、环道直径、分流比等因素对环形交叉口通行能力的影响，方案设置见表5-3-1所示。进口道车流量设定为500～1700pcu/h，间隔为100pcu/h，仿真时长0～4200s，数据采集600～4200s，随机种子取42。

采用基本通行能力作为主要测度指标。基本通行能力是指在理想条件下，环形交叉的通行能力为各进口道最大小时流率之和。具体计算为逐级增加环形交叉进口道的车辆数，当出口道车辆数不再增加则认为达到环形交叉的基本通行能力。

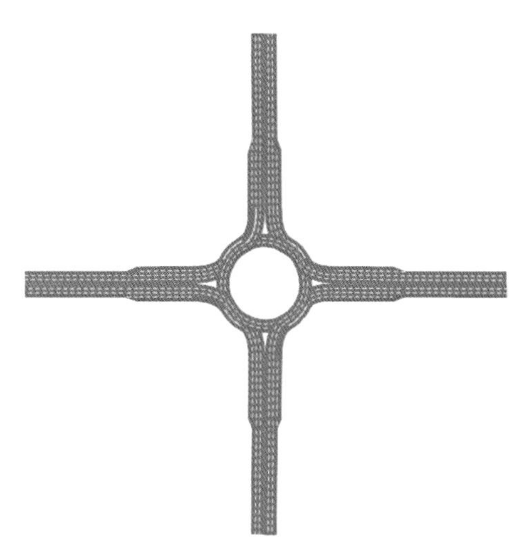

图5-3-1　四路环形交叉模型图（图片来源：作者自绘）

环形交叉口仿真方案　　**表5-3-1**

<table>
<tr><th rowspan="2">序号</th><th rowspan="2">车道数</th><th rowspan="2">展宽（m）</th><th rowspan="2">环道车道数</th><th rowspan="2">直径（m）</th><th colspan="3">分流比比例（%）</th></tr>
<tr><th>左转</th><th>直行</th><th>右转</th></tr>
<tr><td>1</td><td>4</td><td rowspan="2">无</td><td>2</td><td rowspan="2">60</td><td rowspan="2">25</td><td rowspan="2">50</td><td rowspan="2">25</td></tr>
<tr><td>2</td><td>6</td><td>3</td></tr>
<tr><td>3</td><td>4</td><td>80</td><td>3</td><td>60</td><td>25</td><td>50</td><td>25</td></tr>
<tr><td>4</td><td rowspan="5">4</td><td rowspan="5">80</td><td rowspan="5">2</td><td>40</td><td rowspan="5">25</td><td rowspan="5">50</td><td rowspan="5">25</td></tr>
<tr><td>5</td><td>50</td></tr>
<tr><td>6</td><td>60</td></tr>
<tr><td>7</td><td>70</td></tr>
<tr><td>8</td><td>80</td></tr>
<tr><td>9</td><td rowspan="4">4</td><td rowspan="4">80</td><td rowspan="4">2</td><td rowspan="4">60</td><td>20</td><td>50</td><td rowspan="4">30</td></tr>
<tr><td>10</td><td>30</td><td>40</td></tr>
<tr><td>11</td><td>40</td><td>30</td></tr>
<tr><td>12</td><td>50</td><td>20</td></tr>
<tr><td>13</td><td rowspan="4">4</td><td rowspan="4">80</td><td rowspan="4">2</td><td rowspan="4">60</td><td>40</td><td rowspan="4">同左转车比例</td><td>20</td></tr>
<tr><td>14</td><td>35</td><td>30</td></tr>
<tr><td>15</td><td>30</td><td>40</td></tr>
<tr><td>16</td><td>25</td><td>50</td></tr>
<tr><td>17</td><td rowspan="3">4</td><td rowspan="3">80</td><td rowspan="3">2</td><td rowspan="3">60</td><td>20</td><td>60</td><td rowspan="3">同左转车比例</td></tr>
<tr><td>18</td><td>30</td><td>40</td></tr>
<tr><td>19</td><td>40</td><td>20</td></tr>
</table>

二、影响因素分析

图5-3-2～图5-3-7为车道数、车道展宽、环道直径、分流比等因素对环形交叉口基本通行能力的影响。从图中可以看出以下影响规律：

（1）车道数。双向六车道的基本通行能力为5500pcu/h，双向四车道的基本通行能力为4150pcu/h，前者比后者高约32.5%，但是双向四车道的每车道通行能力高于双向六车道。可见，环形交叉口更适用于双向四车道的道路交叉。

（2）双向四车道车道展宽。进口道设置右转展宽车道，环道内设右转专用车道，交叉口基本通行能力可以达到4950pcu/h，比无展宽车道（4150pcu/h）高约19.3%。

（3）环道直径。随着环道直径的增加，环形交叉口的基本通行能力逐渐增加。环道直径每增加10m，基本通行能力增加约30～150pcu/h。规划设计时应依据现场土地条件合理确定环道半径，不可盲目摊大。

（4）分流比。随着左转车流比例增大，环形交叉口的基本通行能力呈减小趋势。在保持右转分流比30%不变的情况下，左转分流比每增加10%，基本通行能力降低约200pcu/h。随着右转车流比例增大，环形交叉口的通行能力呈增大趋势。在保持左转和直行分流比相等的情况下，右转分流比每增加10%，基本通行能力增加约800pcu/h。随着直行车流比例增大，环形交叉口的通行能力呈减小趋势。在保持左转和右转分流比相等的情况下，直行分流比每增加10%，基本通行能力降低约200pcu/h。

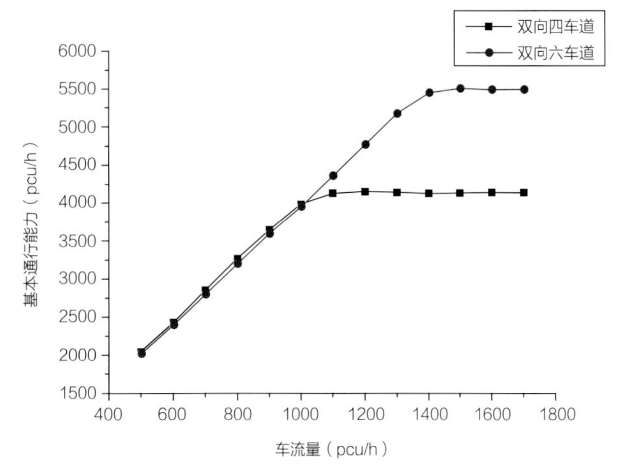

图5-3-2　车道数对基本通行能力的影响（图片来源：作者自绘）

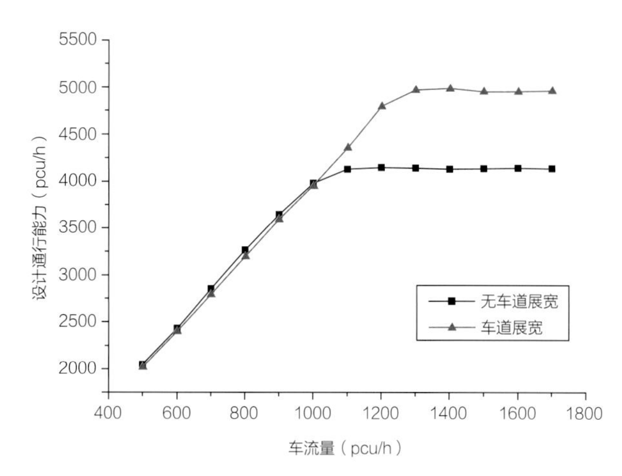

图5-3-3　车道展宽对基本通行能力的影响（图片来源：作者自绘）

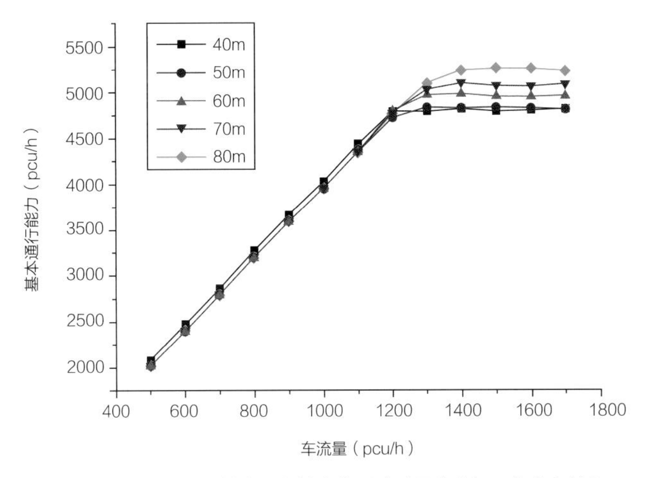

图5-3-4　环道直径对基本通行能力的影响（图片来源：作者自绘）

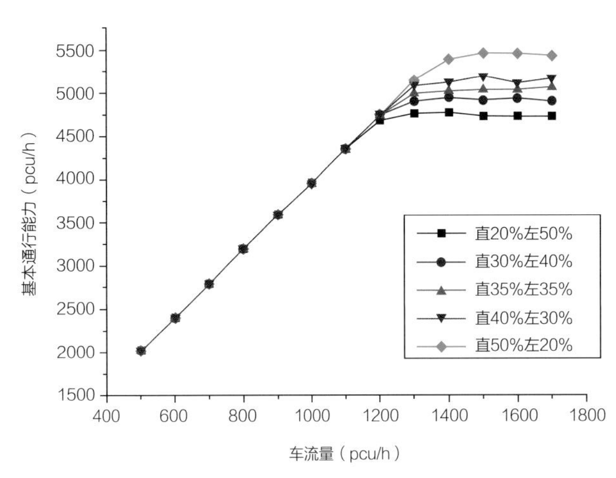

图5-3-5　左转分流比对基本通行能力的影响（图片来源：作者自绘）

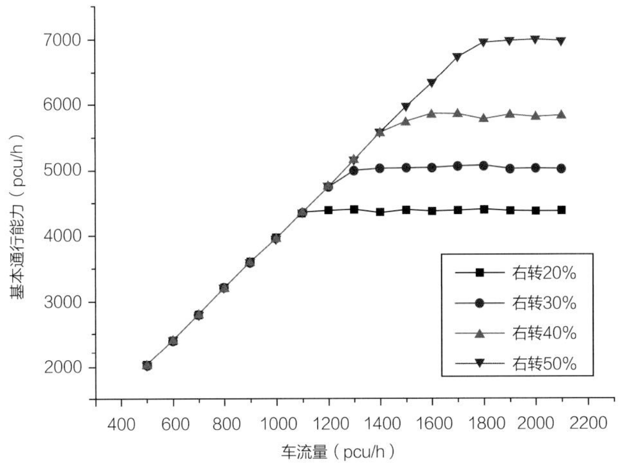

图5-3-6　右转分流比对基本通行能力的影响（图片来源：作者自绘）

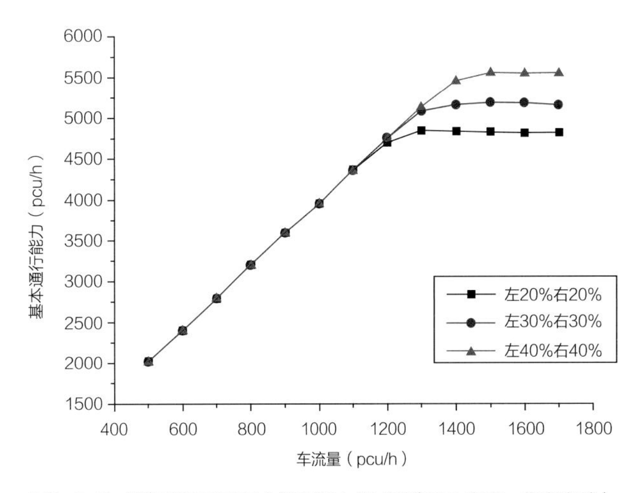

图5-3-7　直行分流比对基本通行能力的影响（图片来源：作者自绘）

第四节　环形交叉口适用性分析

环形交叉口在城市道路交通发展过程中曾发挥过非常重要的作用，是20世纪80～90年代的主流形式。但是随着城市交通需求的猛增，环形交叉口的缺点逐渐显现，曾经大量建设的环形交叉口面临着“全部拆除、一个不留”的命运。这种“一刀切”的做法是否恰当却没有明确的标准，许多环形交叉口未进行充分论证就拆除。目前，许多中小城市仍然保留大量环形交叉口。对于这些中小城市或交通量不大的环形交叉口是否应该拆除，是否可以通过适当的改造或信号控制即可满足交通需求，应进行充分论证。

目前，环形交叉口和环形立交的处置有以下几种做法：

（1）拆除。主要原因：一是环形交叉口有通行能力上限，通过拆除环形交叉口，改建成信号控制平面交叉口，增加交叉口渠化的车道，能够直接增加交叉口的通行能力；二是环形立交已经服役近30年，出现了各种问题或者不适应现在的设计标准；三是环形立交改造实施难度大，如立交净空不足，桥墩间距过密，导致桥下空间利用困难。

（2）增加信号控制。在环形交叉口的进口道增加信号灯来控制进入环道的车辆，避免环道过于拥挤而造成堵塞。增加信号灯虽然能够避免“锁结”现象，但会增加车辆的延误。

（3）增加匝道。在既有环形交叉口的基础上，对通行量大的方向增加匝道，特别是左转匝道，可以减少车辆穿插进入环道时的干扰，提高环道的通行能力。

完善交通通行法则是提高环形交叉口通行能力的一项重要管理措施。为提高环形交叉口的通行能力，在20世纪60年代，英国在环形交叉口改造中提出了“环流优先规则”（Off-side Priority Rule），以保证环道车辆的优先通行权，并将其纳入英国的“公路法则”。当入口处车辆遇到环道上有来车时，必须停下来让环道车辆先通行。只有当环道车辆之间有足够的间隙时，入口处车辆才可进入环道，决不允许入口车辆抢先进入环道而迫使环道车辆停车等待。英国道路交叉这种独特的做法效果显著，在20世纪60～70年代以一种主流形式被大量采用，提高通行能力在10%～35%之间。

“环流优先法则”[14]的具体内容包括：

（1）在入口车道设置“停车让行”标志标线，入口车辆要给环道最右侧的车辆让路。当环道车辆有足够间隙时，应立即驶入环道。

（2）当入口车道为两个车道时，除有特殊标志标线规定外，应按以下规则行驶：

①左转车辆应停在入口车道的左车道，进入环道后也在环道上的左车道；

②直行车辆同样停在入口车道的左车道，在环道上也在左车道。如受条件限制，则直行车辆停在入口车道的右车道，进入环道后也在右车道。如果环道上无其他车辆，则可选用最方便的车道通过环道；

③右转车辆应停在入口车道的右车道，进入环道后也在右车道。

（3）当入口车道有两条以上的车道时，入口车辆可选用车辆最少和最方便的车道，在环道上可选用与出口相适应的车道。

（4）在环道中要注意和照顾前行的车辆，尤其是在下一出口要驶离环道的车辆。

（5）在环形交叉上需用的指向信号[①]有：

①左转弯时用左转指向器通过环形交叉口；

②直行时在离开出口之前至出口时，用左转指向器；

③右转弯时，在入口用右转指向器，一直留到出口时，然后改用左转指向器。

在这个“环流优先规则”下，英国在环形交叉口扩容改造中，采用缩小环岛直径增加环道车道数，一般将环道内半径缩小到外半径的1/3左右，环道半径控制在8～25m之间，同时增加进口道车道数，形成了“小岛环交”（Small Roundabout）。“环流优先法则”可利用停车等待时间使驶入车辆自动梳理，左转车辆停在左侧车道上，右转车辆停在右侧车道上，直行车辆停在中间车道上，而后快速通过环形交叉口。

福州在紫阳立交也试点小岛环交的做法。然而，由于当时小岛环交的交通管理规则不到位，驾驶员对小岛环交规则的不了解，依然存在“锁结”现象，紫阳立交在运营不久即改为信号灯管理，后因道路拓宽而被拆除。

第五节　小结

本章介绍了环形立交的发展背景以及福州三座环形立交的建设情况。紫阳立交和洋头口立交为两层式的环形立交，其架空层为没有人行、非机动车干扰的相对理想交通状态的环形交叉口。洋头口立交按常规环交理论设计，因相交道路大幅拓宽而被拆除。紫阳立交按“小岛环交”的理论设计，由于其交通规则要求高，使用者让行的交通习惯较难培养，导致交叉口运营不久就产生环交的“锁结”现象而改为信号灯平面交叉组织交通，后因地铁施工被拆除，目前交叉口总交通量与洋头口交叉口相当。桥北立交为三层式的环形立交，实质是排除人行、非机行车干扰的菱形立交。

通过Vissim仿真软件，研究车道数、车道展宽、环道直径、分流比等因素对环形交叉口通行能力和服务水平的影响。结果表明，环形交叉口具有一定的通行能力，对交通量不大的交叉口仍然适用，尤其是双向四车道及以下的相交道路。

我国幅员辽阔，人口密度低的区域较多，环形交叉这种准连续流的交通组织方式，存量还较多，如非机动车出行较少的大连市，其核心城区的中山广场、五四广场等多路环形交叉口仍在运行，友好广场的环形交叉口调整为半环形交通组织运行。又如新疆特克斯城，重要

① 英国车辆是靠左行驶，我国车辆是靠右行驶，因此英国车辆指向器的使用与我国正好相反。

交叉口环形交叉、一般交叉口右进右出的平交、全城基本无信号灯交通组织方式，给城市带来宁静安逸的环境。

拆除环形交叉口改为信号控制平面交叉口是目前国内最常见的环形交叉口处理方式，但并不一定是环形交叉口改造的最佳选择。对于行人、非机动车干扰大的环形交叉口，在条件允许的情况下，可在既有环岛内设置下沉广场，同时四个象限设置四条穿越环道的行人、非机动车通道，来解决机非分行问题。

英国的“环流优先规则”是提高环形交叉口通行能力的一项重要管理措施，建议在环形交叉口进入口道处设置“停车让行”标志标线，并加强相关执法力度。笔者建议加强提升环形交叉口通行能力方面的研究，特别是小岛环交的相关研究。不管是常环形交叉口还是小岛环交，小岛环交的交通规则都是适用的，能较大幅度地提高环形交叉口的通行能力。

第六章

福州城市立交桥结构

立交跨线构造物是立交的主体工程，其形式包括桥梁、涵洞、隧道等。福州市处于闽江入海口的河口盆地，地下水位较高，地基软弱，采用下穿式的涵洞、隧道等在地基处理、地下水防灌、雨水排放等方面存在较大困难。因此，高架桥梁在立交跨线构造物中占有绝大多数比例，故本章重点介绍立交桥梁。

第一节 概况

福州立交桥梁结构在过去近40年的发展历程中，随着社会的发展，土木工程材料、建造技术的不断进步，结构形式经历从钢筋混凝土预制空心板、现浇钢筋混凝土连续箱梁、预应力钢筋混凝土连续箱梁、钢箱梁、钢—混凝土组合梁、预应力钢箱组合梁、全预制钢混叠合梁等结构的发展历程。

1986年建成的桥北立交，采用了跨径13m的钢筋混凝土预制空心板结构。随后，福州立交桥结构开始采用钢筋混凝土连续梁结构。1992年建成的五里亭立交桥，采用框架板式结构桥墩及现浇钢筋混凝土连续箱梁，桥梁代表跨径为16m，梁高1.1m，墩台基础首次采用预制方形桩。1996年建成的三县洲立交同样采用现浇钢筋混凝土连续箱梁。2003年建成的乌山立交采用了代表跨径为20m的现浇钢筋混凝土刚构—连续箱梁，梁高1.3m。2003年建成的闽江大道立交及南二环快速路的其他立交桥首次采用代表跨径为30m预应力钢筋混凝土连续箱梁或刚构—连续箱梁，梁高1.8m。2006年同期建成的二环—五四立交首次采用了代表跨径为30m的钢箱梁，梁高1.8m，桥墩基础采用预制预应力管桩。

2008～2014年福州市先后建设了湾边互通、秀宅互通、国货互通、新店互通、螺洲互通、琅岐环岛路立交等十几座立交，桥梁结构均采用代表跨径30m左右的现浇预应力钢筋混凝土连续箱梁，施工方案逐渐从逐孔现浇过渡到逐联整体支架浇筑，桥梁断面为直腹板单箱单室或单箱多室，梁高1.8～2.0m。

从2014年开始，福州连续启动几批缓堵项目。由于缓堵项目多位于城区，现状交通异常拥堵，现场施工条件非常苛刻，加之国家推进钢材去产能政策，因此，该阶段桥梁结构采用跨越能力强、交通影响相对小的钢结构桥梁，如第一批缓堵项目中的二环—五四立交改造工程、华林高架跨站东路工程、尤溪洲北桥头立交改造工程等，第二批缓堵项目中杨桥路江滨节点（江滨路口）立交项目、鳌峰洲大桥南桥头节点改造工程等。桥梁结构均采用代表跨径35～40m左右的钢箱连续梁，施工方法均采用工厂预制现场装配方式，桥梁断面为直腹板单箱单室或单箱多室，梁高1.8～2.0m。采用这种施工方法可将完全中断场地的交通时间缩短至一天以内，有效缓解了施工期间的交通困难。

由于钢箱梁的造价较高，2018年以后福州市在城市中小跨径桥梁中开始采用钢—混凝土组合梁，替代全钢箱梁结构。组合梁分为钢—混凝土叠合梁、预应力钢—混凝土叠合梁等。由于其兼具钢箱梁跨越能力强、混凝土耐久性好的双重优点，且造价适中，因此被迅速推广应用。代表项目包括第三批缓堵项目中的工业国货提升改造工程、白湖亭立交改造工程、新店外环工程。其中，新店外环桥梁为我省首例墩梁全预制拼装桥梁，白湖亭立交工程为福州首次采用预应力钢—混凝土叠合连续梁结构。

第二节　城市立交桥结构特点

一、力学特性复杂

城市立交一般用地条件相对局促，且匝道数量和层数多，常用叠层结构，因此，在城市立交中经常出现平面异形变宽结构、分叉结构、横向大跨度悬臂结构、门架组合桥墩结构、双层或者三层桥墩结构，甚至出现以上多种异形结构的组合，导致桥梁结构空间受力复杂。对于桥梁设计师来说，应考虑如何更好地在有限空间中选取最优结构方案。

二、结构形式多样

立交匝道桥大多处在平、竖曲线上，为满足立交交通功能的实现，桥梁结构首先要服从匝道线形的要求，因此常产生大量的弯、坡、斜桥。常规预制装配式混凝土构件适用条件较差，大多采用抗扭性能较好的连续箱梁结构，桥梁选型相对单一。

城市立交匝道桥由于受地形、地物和地下管线的限制以及美观的要求，多选用相对简洁的花瓶墩和柱式墩。多跨连续小曲率半径桥梁结构易产生横向偏载作用下，支座脱空和离心力作用下向弯道外侧爬移的病害。因此，城市立交匝道桥设计应特别关注桥梁倾覆、整体稳定等问题。

三、边界环境复杂

城市立交桥边界条件复杂，设计影响因素多，比如地形地物（包括周边路网、标线、交叉口位置、公交站点等）；地下管线（包括电力电信、电箱电塔、给排水、燃气等）；市政规划（包括规划红线、规划蓝线、绿化及建筑退距等）；地铁线位规划（包括站点设置及线路走向）；周边反馈（包括对周边商铺、居民楼及重点单位的影响）；园林绿化（包括现状树木调查、绿化带处理）等。桥梁结构通常是环境条件可控下作出的相对较优的方案。

四、景观要求高

城市立交桥一般位于城市建筑群中，立交桥需与周围的建筑物相协调，结构上做到简洁大方，结构细节上要精致。此外，为给立交桥下交通使用者能够有较好的视觉效果，桥墩的布置尽量规则、透空、不凌乱，墩形设计宜整洁、圆润、少线条，以不具有明显的方向性为佳。较为常见的就是采用大悬臂墩、独柱式墩和椭圆形花瓶墩等。

第三节　桥梁结构体系

城市立交桥结构体系按照受力体系特点，主要有桥面连续简支桥、T形刚构桥、连续梁桥、刚构—连续组合桥等。

一、桥面连续简支桥

城市高架桥跨径一般在20～40m之间。这种跨径结构形式可选择桥面连续简支桥，亦可选择连续梁桥。桥面连续简支桥适用于平面线形顺直的中、小跨径高架桥。尽管其接缝易损，梁高略高，但构造简单、传力明确、对地基承载力的要求不高，又便于标准化工业化制作，因此桥面连续简支桥仍是高架桥梁的主要形式之一。常用的梁型有空心板、T形梁、小箱梁等标准预制混凝土构件。

二、T形刚构桥

将悬臂梁桥的墩柱和梁体固结后便形成了T形刚构桥，分为带挂梁的T形刚构和带铰的T形刚构。与简支梁桥相比，T形刚构具有较大的跨越能力。带挂梁的T形刚构桥属静定结构，可在地基较差的三孔桥梁中采用。福州仅在1995年建成的东二环鹤林路口高架（图6-3-1）采用了变高度带挂梁的双T形刚构桥。2021年因净空等因素，该桥随鹤林路拓

图6-3-1　鹤林路口高架T形刚构桥（现已被拆除改造）（图片来源：福州市规划设计研究院集团有限公司 拍摄）

宽改造，被拆除改造为全钢连续梁结构。带铰的T形刚构属于超静定结构，早期洪塘大桥即采用该结构体系。

近年来，T形刚构桥在城市立交桥工程中几乎不再采用，主要原因是施工不便，行车不平顺，接缝位置容易发生损坏等。

三、连续梁桥

简支桥梁结构的跨径超过一定长度时，桥梁跨中弯矩会迅速增大，此时增加梁截面尺寸会因耗材量大而不经济，并给桥梁上部结构的运输安装带来困难。因此，对于较大跨径的桥梁宜采用能减小跨中弯矩的其他体系桥梁，如悬臂体系、连续体系的桥梁。

两跨及两跨以上的连续梁桥，属于超静定体系。连续梁在荷载作用下，产生的支点负弯矩可以显著降低跨中正弯矩值，使内力分布比较均匀合理。与相同跨径的简支梁相比，连续梁不仅梁高较低，改善桥下通视条件，而且桥梁跨越能力强，整体性好，桥面伸缩缝少，但是连续梁为超静定结构，支座变位会引起结构内力的变化，对基础要求高。

连续梁桥是福州城市立交中最常用的一种桥梁结构体系，常用的代表跨径为30m，大多采用节段逐跨施工工法。跨越相交道路路口处，通常采用45～60m的变高度连续梁，联端部梁高较小处与一般段桥梁梁高顺接。

四、刚构—连续组合桥

将连续梁桥的部分墩柱与梁体固结后形成了刚构—连续组合桥。该结构类型的桥梁既保留了连续梁无伸缩缝、行车平顺的优点，又具备刚构桥抗倾覆能力强、少支座的优点，方便施工。此外，强大的顺桥向抗弯刚度和横桥向抗扭刚度能很好地满足较大跨径的受力要求。

刚构—连续桥梁的内力分布合理，可以通过选择合理的墩刚度，有效地减少主梁弯矩，增大跨径。同连续梁桥相比，在活载作用下，两者负弯矩较接近，但刚构—连续桥的正弯矩比连续梁更小；在恒载作用下，两者的弯矩也比较接近。墩梁固结节省了大型支座的昂贵费用，减少了墩及基础的工程量，并改善了结构在水平荷载（例如地震）作用下的受力性能，即各柔性墩按刚度比分配水平力。该体系适合与桥梁高度较高、联长较短的高架桥梁。

2001～2003年建设的福州乌山立交，上部结构采用代表跨径为20m的钢筋混凝土刚构—连续体系。2003年建成的闽江大道立交，上部结构采用代表跨径为30m的预应力混凝土刚构—连续体系（图6-3-2）。

上述几种桥梁结构体系中，桥面连续简支梁桥和T形刚构桥，早期应用在直线段或曲率半径较大的平曲线的路口高架上，2000年之后基本不再采用。近年国家推进工业化、装配化结构，30m左右跨径的桥面连续简支梁结构，应用逐渐增多。

立交桥由于匝道平曲线半径较小，长期以来一直采用连续箱梁结构体系。2000年初期建设的乌山立交和闽江大道立交采用刚构—连续组合体系，尽管桥梁的纵、横向力学性能较好，桥梁整体造型美观，但存在后期支座更换困难。因此，后续建设的立交桥梁基本不采用

（a）乌山立交

（b）闽江大道立交

图6-3-2　刚构—连续组合桥（图片来源：福州市规划设计研究院集团有限公司 拍摄）

刚构—连续组合体系，而是采用连续梁结构体系。

连续梁结构体系，2000年前后其联长除环形匝道外，一般控制在120～180m左右，即4～6孔30m连续梁，采用模数式或梳齿板伸缩装置，运营多年伸缩缝损坏严重。2010年后，连续梁联长原则上控制在120m以下，采用低伸缩量的型钢伸缩装置，个别联长较大的采用多向变位梳齿板伸缩装置，以减少连续梁联间横向变位带来的损坏。

第四节　上部结构

城市立交桥主要采用梁式体系，上部结构按材料分有混凝土梁、钢梁、钢—混凝土组合梁；按施工工艺分有现浇式和预制装配式。预制装配式混凝土梁常见的梁形有空心板、T形梁和小箱梁，现浇混凝土梁常用的梁形是箱梁。预制装配式混凝土梁一般仅用于直线或大半径曲线的城市高架路或路口高架立交。由于匝道平曲线半径较小，立交一般采用抗扭性能较好的现浇混凝土箱梁、钢箱梁或钢—混凝土组合箱梁等结构，互通式立交内的主线和匝道一般采用同一种的结构形式。

一、空心板

空心板的适用跨径一般在13～22m之间，多为预应力混凝土结构，按照预应力工艺分为先张法和后张法两种。空心板大多采用集中预制，现场拼装的施工方式。为保证板块共同承受车辆荷载，板块之间需设置横向连接构造。常见连接方式是企口混凝土铰连接，即在每片板梁安装就位后，在铰缝内插入钢筋，填实细集料混凝土。

空心板梁跨越能力较小，架梁后桥面横向不平整，板间存在阶梯式高差，易造成桥面铺装厚度的不均匀，此外铰缝处桥面病害多。福州除已拆除的13m跨径钢筋混凝土空心板的桥北立交，目前还在运营的空心板梁高架桥只有1995年前后建设的琴亭跨铁路高架桥和二环鹤林路口高架，采用20m的标准空心板，桥面连续体系。琴亭高架设置品型隐形盖梁，采用双缝桥面连续体系，改善桥梁的外观（图6-4-1）。

二、T形梁

T形梁的适用跨径一般在20～50m之间，多采用分片预制，现场拼装的施工工艺。梁片之间采用湿接缝连接。T形梁梁高较高，较多的横隔板显得凌乱，景观效果不理想，在公

图6-4-1　琴亭跨铁路高架桥（图片来源：作者自摄）

路桥梁中应用较多，较少在城市立交采用，福州城市立交中没有T形梁应用的相关案例。早期部分城市为改善T形梁的外观，采用预制倒T形梁现浇桥面板的结构形式。最近我省正在组织编制少横隔梁的宽腹T形梁地方标准，相信线条整洁的T形梁因其构件重量小，检修方便，会得到进一步的推广应用。

三、小箱梁

小箱梁属于薄壁结构，用料省、刚度大，抗弯和抗扭性能好。与空心板相比，梁高适中，整体外形简洁大气，可采用工厂化预制，安装完成后现浇横向湿接缝，形成整体桥面。小箱梁单片梁体重量较重，一般控制在150t以内，运输、架设相对不方便，可在城市中心区外围线形平顺的桥梁上使用，正在建设的福州金山大道高架桥，标准宽度段采用30m预制预应力混凝土小箱梁。典型小箱梁结构材料用量指标见表6-4-1。

预制小箱梁结构材料用量指标　　表6-4-1

年份	项目名称	跨径（m）	梁高（m）	板宽（m）	混凝土含量（m^3/m^2）	钢筋含量（kg/m^3）	钢绞线含量（kg/m^3）
2022年	福州金山大道提升改造工程	30	1.6	2.4	0.46	127.7	22.2

四、混凝土箱梁

混凝土箱梁结构整体性能好，抗扭刚度大，能适应各种平面线形和桥宽的变化，跨越能力也较强。混凝土连续箱梁的跨径一般在20～45m之间，能较好地满足一般城市立交桥和高架路的使用要求。同时箱梁结构线形简洁，行车平稳舒适，线条流畅，桥下视觉较通透，总体上较为美观。

混凝土箱梁结构一般采用现场浇筑的方式，如节段模架或满堂支架现浇，也可采用预制拼装的方式。连续箱梁桥经合理安排施工场地和工序，加强施工组织管理，一般能做到快速施工，保证工期。

混凝土箱梁分钢筋混凝土箱梁和预应力混凝土箱梁，这两种梁在福州市立交的应用中都采用现浇的施工方式。

1. 钢筋混凝土箱梁

福州市早期建设的五里亭立交、三县洲大桥南立交、乌山立交采用钢筋混凝土箱梁结构，跨径16～20m，梁高1.1～1.3m。五里亭立交采用斜腹板箱梁，腹板骨架钢筋制作、安装困难，而后其他两座立交采用直腹板梁。早期这三座立交的钢筋混凝土箱梁，在浇筑拆模后出现横向裂缝的问题，跨内最多横向裂缝达20条，部分裂缝宽度达到0.2mm以上，给养护部门带来了许多困扰。之后建设的立交基本没有采用钢筋混凝土箱梁结构。

2. 预应力混凝土箱梁

除前述三座立交采用钢筋混凝土箱梁结构外，福州立交桥大多采用预应力混凝土箱梁。桥梁跨径在25～35m之间，环形匝道取小值；梁高1.8～2.0m，一般全桥梁高统一。

预应力混凝土箱梁常见的横断面形式见图6-4-2。除闽江大道立交和秀宅互通采用C型断面外，其他立交均采用A型断面，即斜腹板箱梁。箱梁依桥面宽度不同布置成单箱单室至单箱三室断面（图6-4-3）。

箱梁跨中各部结构尺寸一般采用：腹板厚45cm，顶底板厚度均采用25cm，悬臂部分顶板厚度15～45cm，悬臂长1.75～2.50m，腹板与翼板交接处倒圆角。箱梁横坡由箱梁结构旋转。标准段箱梁断面材料用量指标见表6-4-2。

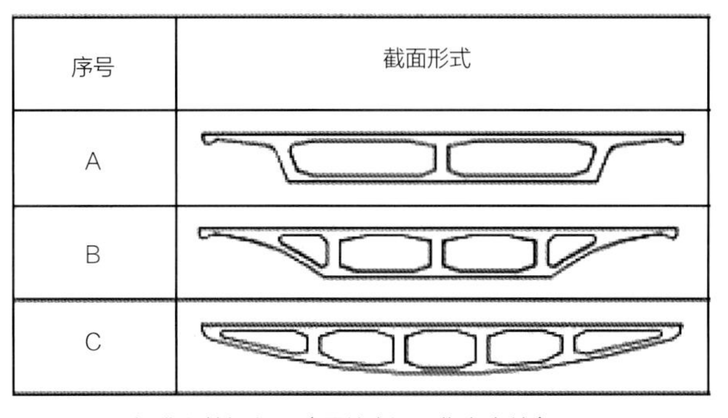

图6-4-2　标准段箱梁断面（图片来源：作者自绘）

标准段箱梁断面材料用量指标 表6-4-2

建成时间	项目名称	跨径(m)	梁高(m)	桥宽(m)	混凝土含量(m^3/m^2)	普通钢筋含量(kg/m^3)	预应力筋含量(kg/m^3)
1998年	福州市三县洲闽江大桥北立交	25~34.5	1.75	13.5	0.66	138.5	29
1999年	福州市金山大桥北立交	35	1.8	19.5	0.64	203.8	29
2015年	福州市福湾路提升改造工程	37	2	25.5	0.68	195.9	41.4
2022年	前横快速化改造工程	30	2	9	0.8	197.1	39.1

图6-4-3 预应力混凝土连续箱梁效果图（图片来源：福州市规划设计研究院集团有限公司 绘制）

五、钢箱梁

钢箱梁的主要材料是钢材，具有韧性、延性好，自重小，跨越能力强，整体受力性能高，工厂预制、现场施工周期短等优点，在桥梁建设中得到广泛应用，但钢箱梁施工难度相对大、造价高、制作安装技术要求较高。钢箱梁作为施工现场拼装的大型钢结构，从箱梁制作、拼装、运输、吊装等方面来说都具有一定的难度，需要设计周密的施工方案（图6-4-4）。

二环—五四立交是福州首个全桥采用代表跨径30m的钢箱连续梁结构，桥墩采用钢管混凝土柱式墩，部分小半径匝道的桥墩采用墩梁固结形式。钢箱梁梁高约1.5~1.7m，悬臂长度2m，桥面采用正交异性板结构，箱梁顶板纵肋采用T形加劲肋，悬臂板纵肋采用“一”字形及T形加劲肋，底板纵肋采用“一”字形加劲肋。箱梁纵向跨中位置每隔3.0m设置一道横隔板，横隔板之间设一道横梁式隔板，标准间距为1.5m，对应横梁式隔板设一道腹板竖向加劲肋。典型钢箱梁结构材料用量指标见表6-4-3。

典型钢箱梁结构材料用量指标 表6-4-3

项目名称	断面类型	用钢量（kg/m^2）
福州新店外环道路工程	整体式钢箱梁	495
金山大道提升改造工程	整体式钢箱梁	485
工业路提升改造工程	整体式钢箱梁	550
福州尤溪洲南桥头立交工程	整体式钢箱梁	490
福州市白湖亭立交工程	整体式钢箱梁	590
前横快速化改造工程	整体式钢箱梁	520
二环五四路口改造工程	分离式钢箱梁	466

图6-4-4　钢箱连续梁（图片来源：福州市规划设计研究院集团有限公司 拍摄）

六、钢—混凝土组合梁

钢—混凝土组合梁采用钢梁与混凝土桥面板组合结构，横向采用多片主梁。施工中钢梁在工厂加工，现场整体吊装。钢梁安装完成后，混凝土桥面板可采用预制拼装或现场浇筑。装配式钢—混凝土组合梁优点是钢梁整体性能好，造价适中；预制构件断面尺寸小，运输吊装方便，施工时对地面交通和周围环境影响较小。缺点是钢梁架设完成后，需浇筑混凝土或湿接缝混凝土，浇筑期间会对桥下行车有一定影响（图6-4-5）。典型钢—混凝土组合梁结构材料用量指标见表6-4-4。

钢—混凝土组合梁结构材料用量指标 表6-4-4

项目名称	类型	用钢量（kg/m^2）
福州市新店外环道路工程	钢混组合工字钢梁	280
福州市白湖亭立交改造工程	钢混组合槽型钢梁	430
福州市工业路提升改造工程	钢混组合槽型钢梁	440

图6-4-5 新店外环改造工程高架断面（图片来源：福州市规划设计研究院集团有限公司 绘制）

第五节　下部结构

一、桥墩

1. 互通式立交桥桥墩

城市互通立交桥对桥下通视条件和景观要求较高，一般要求墩形美观轻巧。对于连续梁结构，可供选择的墩型有轻巧的柱式墩和板式墩等。

根据桥面宽度不同，柱式墩可采用独柱，双柱甚至三柱式。柱式墩占地面积小，通透条件好；但由于主线桥通常分左右两幅桥设计，立交的主线桥、匝道桥数量多，呈纵横交错排列，桥下墩柱林立，造成视觉上的不适感和整体的零乱感。

相对顺直宽幅的主线桥可采用轻巧的板式墩。由于桥墩宽厚不同，纵横方向感分明，可以给人以视觉导向，也强调了主要桥墩的规则、有序，且辅路上的视点可见桥墩也少，零乱的感觉降低。同时，板式墩或板式花瓶墩既能满足桥墩的功能要求，又能提供足够的空间在桥墩表面上进行修饰处理（如设弧过渡等），以增强与环境的协调。此外，板式墩有较大的抗弯强度，连续梁中间墩和联间墩可采用同一外形尺寸，做到同一桥段外观一致。早期建设的互通式立交，上部主梁采用弧形底的混凝土箱梁结构（也称鱼腹式箱梁），为了上、下部结构的协调统一，对板式墩的外形进行调整，形成了椭圆形花瓶墩。匝道桥墩尺寸根据桥面宽度通过调整椭圆长短轴比例确定，大幅降低了墩柱的数量。椭圆形桥墩任意视点的桥墩外立面仅能看到两条外轮廓线，降低了“柱林”的零乱感。

综合以上因素，椭圆花瓶墩形既能满足布置多个支座的要求，又不具有明显的方向性，对曲线桥而言能取得较为整齐的景观效果。福州已建互通式立交大多采用椭圆形花瓶墩，对斜腹板箱梁通过对底板、腹板及翼板交接部和端部的柔化处理，墩、梁也有良好的协调性。因此，椭圆形花瓶墩成为福州立交桥梁应用最广的一种墩型（图6-5-1）。

图6-5-1　椭圆形花瓶墩（图片来源：作者自摄）

2. 主线高架桥墩

（1）常用墩型

福州市路口高架或高架桥的常用桥墩类型有板式花瓶墩、框架双柱墩，桥墩墩高较小时采用双柱式墩，见图6-5-2。

（a）板式花瓶墩

（b）框架双柱墩

（c）双柱式墩

图6-5-2 福州常见墩柱类型（图片来源：作者自摄）

板式花瓶墩一般为矩形柱（或哑铃形柱）扩头成Y形墩，占用土地面积小，可以极大地利用下部空间，在施工中对下部土地和空间的影响也更小，在福州市立交桥中得到广泛的应用。桥墩形式一般与倒圆角斜腹板箱梁组合，其外形协调、稳重、整体效果好，一般应用在桥面宽度为三车道的高架桥梁中。

当高架桥上部结构宽度较大时，一般采用框架双柱式桥墩。墩身为矩形断面H形双柱墩，外形简洁，墩柱间采用系梁连接，一般与斜腹板箱梁组合，通常应用在桥面宽度为三车道及以上的立交桥梁中。

（2）装配式桥墩

装配式混凝土桥墩各构件的连接，包括预制墩身节段之间（墩身）、预制墩柱底部与承台之间（墩底）、预制墩柱顶部与盖梁之间（墩顶）的连接。国内常见的连接形式主要有现浇湿接缝、承插式、灌浆套筒、灌浆波纹管、后张预应力筋等。

福州市新店外环西段道路工程主线高架桥的桥墩、盖梁和组合梁均采用预制拼装。这是福建省首次在城市高架桥上采用上、下部全段面预制拼装结构。桥面宽度25.5m，跨径30m，上部结构采用钢—混凝土组合梁，组合梁高1.92m，下部结构采用双柱式预制拼装框架墩，墩柱截面尺寸为1.6m×1.6m，高度范围5.7~9.3m，立柱平均高度约7m，采用整体预制、运输、安装，最大重量达62t，共计60个（图6-5-3）。

图6-5-3 福州市新店外环预制盖梁湿接缝施工现场图（图片来源：福州市规划设计研究院集团有限公司 拍摄）

二、桥台及台后结构

桥梁常用的桥台形式主要为重力式桥台和轻型桥台，常用的重力式桥台为U型桥台，轻型桥台种类较多，有桩柱式桥台、肋式埋置式桥台及钢筋混凝土薄壁桥台。

桥梁台后结构一般采用挡土墙路堤结构，常用的形式有重力式、加筋土式、扶壁式、悬臂式等。重力式挡土墙适用于地基承载力较高的引道路基。其他三种基础应力小，适合软土路段桥头路基工程结合路堤一并进行软基处理。几十年的工程实践表明，软土地基处理工艺虽然成熟，但在工期短的市政工程，不成功的案例比比皆是。

因此，近年来福州尝试采用箱体结构的桥梁台后路堤方案。例如，位于既有路面上的杨桥—江滨立交的匝道桥引道，采用浅埋式片筏基础的现浇钢筋混凝土箱体结构的路堤方案。箱体顶板宽8m，板厚0.25m；腹板厚0.4m，箱室净高1.5~5m；悬臂长1.5m，悬臂端部厚0.2m，悬臂根部厚0.45m；底板宽5.0m，板厚0.5m。该项目桥头引道已建成运营多年，桥路过渡平顺，未见桥头跳车现象。同时利用箱形路堤翼缘板对应地面空间进行绿化，效果较好（图6-5-4）。

（a）尤溪洲桥　　（b）杨桥—江滨立交

图6-5-4　桥梁台后箱体结构实景图（图片来源：作者自摄）

第六节　附属设施

一、防撞护栏

桥梁的防撞护栏作为一种被动型防护结构，是立交桥梁结构必不可少的组成部分。护栏可以防止失控车辆驶出桥外或驶入对向车道，也给驾乘人员一定的心理安全感。

桥梁防撞护栏按照其受力力学特性可分为刚性护栏、半刚性护栏和柔性护栏三种类型，立交桥防撞护栏多采用刚性护栏与半刚性护栏。刚性护栏是一种基本不变形的护栏结构，其主要代表是钢筋混凝土护栏。这种护栏通过失控车辆碰撞后沿护栏爬高、转向来吸收碰撞能量，防撞等级较高，但由于其不允许变形，当车辆与护栏碰撞角度较大时，对乘员及车辆损害较大。钢防撞护栏作为半刚性护栏，具有重量轻、强度高、缓冲性能强、安装方便等优点，特别适合于钢结构桥梁曲线梁段。钢防撞护栏还可以减少跨线桥护栏施工的安全风险，提高防撞护栏的施工效率。福州市区防撞护栏通常将花池与防撞护栏相结合，既适用又美观（图6-6-1）。

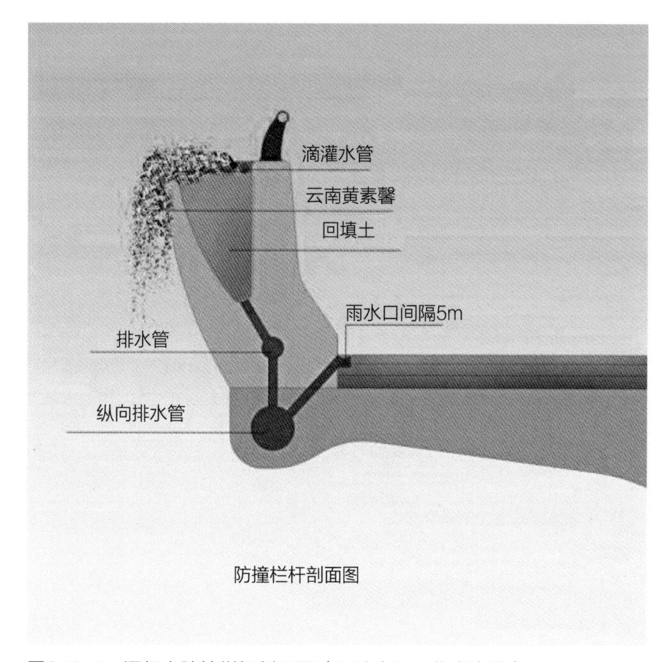

图6-6-1　混凝土防撞栏杆剖面图（图片来源：作者自绘）

二、伸缩装置

伸缩装置是立交桥梁工程最易损坏的部件。福州城市立交中常用的伸缩装置包括型钢单缝模数式、多缝模数式和梳齿板式三种类型。单缝模数式适用于伸缩量小于80mm的情况；而多缝模数式和梳齿板式适用于伸缩量超过80mm的情况。据统计，福州城市桥梁中，76.2%的伸缩装置在其设计使用年限内（15年）出现过结构性病害。伸缩装置的普遍寿命在5～8年。

不同类型伸缩装置的结构性病害不同（图6-6-2～图6-6-4）。单缝模数式伸缩装置以锚固区混凝土碎裂为主；多缝模数式伸缩装置以中钢梁断裂为主；梳齿板伸缩装置以梳齿板脱落为主。此外，几乎所有桥梁都存在垃圾堵塞、橡胶条老化（脱落）等功能性病害。

桥梁伸缩缝发生病害常见的原因有：

（a）锚固区混凝土破碎

（b）钢梁断裂

（c）伸缩装置高低不平

图6-6-2　单缝模数式伸缩缝病害（图片来源：作者自摄）

（a）中钢梁断裂

（b）间隙不均匀

（c）位移箱锈蚀

图6-6-3　多缝模数式伸缩缝病害（图片来源：作者自摄）

（a）梳齿板缺失

（b）锚固区混凝土碎裂

（c）梳齿板未咬合

图6-6-4　梳齿板式伸缩缝病害（图片来源：作者自摄）

（1）施工质量差是造成伸缩缝病害的最主要原因，例如锚固混凝土未添加钢纤维，强度不足；梁体制作时未先预埋钢筋；预埋钢筋锈蚀、弯曲、漏焊、与伸缩装置锚固钢筋无法对齐；锚固混凝土养护时间不够即开放交通等。伸缩装置若在桥梁建造时出现质量问题，后期便不易维修到位。

（2）产品自身缺陷导致伸缩装置容易损坏。例如，模数式伸缩装置初期病害维修困难，使得病害发展，直至伸缩装置整体维修。传统梳齿板伸缩装置无法适应变形，与混凝土不密贴，容易造成螺栓应力集中而发生断裂。

（3）桥头跳车、交通量大使得伸缩缝病害加剧。

因此，一般立交桥梁的联长应控制在适当的范围内，尽量采用小变形量的单缝模式伸缩装置。对于变形量较大的伸缩缝建议采用多向变位梳齿板等新型伸缩装置。

三、其他附属设施

声屏障、桥面铺装及支座等桥上其他设施，按相关行业规范要求配置，这里不再赘述。

第七章

城市立交规划设计的美学思考

第一节　概况

古往今来，人们对于耗费大量人力、物力、财力修建的大型建筑物，除了使用功能需求之外，还赋予其较高的美学期待。这是因为，大型建筑物本身是社会力量和技术力量的集中体现，也是国家兴盛和凝聚力的象征。城市立交作为投资大、占地广、建筑体量巨大且与人民生活密切相关的大型公共建筑物，其美学设计具有天然的重要性。城市早期建设的立交往往是城市交通运输现代化的重要象征，在国内一些地方甚至成为城市的重要标志性建筑（图7-1-1）。

近年来，随着社会的不断进步和人民对生活品质要求的提高，人们对不断增多的城市立交的认识也有了不同的态度，对立交的美观性要求越来越高。为此，设计者应当对立交的美学设计进行全面深入的研究，将立交的美观性作为一项重要的设计指标，与功能性、安全性、经济性置于同等重要的地位进行考虑。

图7-1-1　国货互通夜景（图片来源：邱宗新 拍摄）

立交的美学设计属于技术美学的范畴。技术美学是研究物质生产和器物文化中有关美学问题的应用美学学科，是美学理论在物质文化领域中的具体化，同时又是设计观念在美学上的哲学概括。对于城市立交来说，其美学设计的价值绝不是仅体现为外形的优美或者景观的华丽，更重要的是，通过设计技术的手段让使用者和参观者获得良好的通行体验和愉悦的视觉感受。通俗地说，“好看更要好用”是立交的美学设计追求的目标。

在国内工程设计行业，“适用、安全、经济、美观”八字方针长期以来已是共识，但美学设计应该比美观性具有更加丰富的内涵。从多年来福州的城市立交工程实践中，我们认为城市立交规划设计美学的主要关注点是：适宜的规划和总体设计、协调的线形和桥梁造型、顺畅友好的通行环境以及与功能相适应的优美的景观效果。

第二节　立交规划

立交，尤其是城市立交，应该从规划阶段就给予一定的先期研究。这个阶段的研究主要聚焦于道路性质与功能决定的立交设置必要性、立交技术标准、规模和初步的选型等。这个阶段的设计美学通常并不直接体现为具体的形象，而是对立交总体控制性因素的合理把控，形成的立交与道路、与周边自然和人文环境的一致性和协调性，避免出现总体思想上的错位和矛盾，以便为下一步立交设计和建设奠定美学上的良好基础。

从总体景观角度，首先应当注意的是，立交是一种体量较大的现代构筑物，尤其是凸出于地面的高架桥对于传统的城市空间是一种遮挡和割裂。而对于现代风格强烈的新城区来说，与周边城市景观相协调的立交布置不仅可以提升城市形象，还能提供另外一种动态观赏城市的视角。

福州主城区三面环山，一隅向海，建设用地有限，因此用地规划大都比较紧凑。在相应的立交选址原则方面，除了前述由于道路性质属于快速路或者快捷路必须设置立交的情况外，在城市中心区或者主要的生活、商业等人群聚集地段要避免设置立交。对于必须设置的情况，应严格控制立交的规模，尽量不采用架空立交。对于路网骨架重要节点的异形交叉口，交通功能需求必须设置立交时，则应当设置与道路技术标准和交通量相适应的互通立交，如乌山立交（图7-2-1）和尤溪洲大桥北立交（图7-2-2）。

在城市外围或新城区，路网骨架道路重要节点处需要设置大型立交的，需在规划阶段就开始进行先期研究，以便及时控制用地，并进行规划配套，如合理布置立交周边的用地性质和设置必要的视听觉缓冲区等。在其他需要布置立交的位置，也要综合考虑各方面的现状和规划条件，对立交的定性、规模和初步选型作出规定。

图7-2-1　乌山立交（图片来源：福州市规划设计研究院集团有限公司 拍摄）

图7-2-2　尤溪洲大桥北立交（图片来源：福州市规划设计研究院集团有限公司 拍摄）

如前所述，立交选型的关键在于匝道的布置，立交选型的美学设计也是同理。在规划和前期研究阶段，首先需要确定的是哪些转向交通需要通过匝道进行，哪些可以通过地面交叉口转换，以及立交与主辅路出入口的位置关系。明确了这些因素之后，也就明确了立交可选用的基本形式。而后，再根据用地条件、周边影响等外部因素对立交基本形式进行选择和调整，立交的选型也就基本确定了。从美学的角度，城市立交选型要从城区的整体美观角度出发，根据周边的现状和规划条件进行权衡取舍，要避免片面追求交通顺畅而忽视整体景观的思路，更不可一味贪大求全。

其次，匝道的技术标准主要由设计速度和转向交通量确定，尤其是设计速度。一般来说，同一立交的各条匝道宜采用相同的设计速度，这能使立交布置较为均衡和对称。但在被交道路性质和设计速度差异较大时，或者相交道路角度较为特殊时，同一立交的各条匝道也可以选取不同的设计速度。对于城市中心区的立交，非主要方向的匝道设计速度可以取较低值，以控制立交占地面积。

最后还要注意的是，在控制用地的时候，要在合适位置预留出布置匝道分合流段加减速车道、渐变段以及集散车道、辅助车道等的宽度，避免后期立交布置的局促。

第三节　立交线形

立交之美，首先体现为形态美，包括整体形态美（鸟瞰角度）和细部形态美（近观角度），本节主要论述整体形态美。以整体建筑形态而言，立交占地巨大而建筑高度有限，因此其形态主要体现为具有一定空间感、层次感的平面造型。

立交整体形态美的基础是每条主线或匝道的线形美。因此，在设计阶段应考虑匝道曲线的平顺性。线条优美的匝道往往是由比例适当的不同半径的圆曲线通过缓和曲线相连接构成，线条的美感也意味着运行速度的连续性，有利于行车的安全和舒适。线形设计时应避免在两段曲线之间夹直线，或者直线和小半径曲线之间生硬对接。

立交整体形态美的核心因素是各个线条之间互相衔接、交叉、避让、围合而构成的图案，这也是每个立交美学设计工作的核心。

这种平面图案的美感，具有独立于技术的一面，也就是缘于人类对线条组成的平面几何形状的感知偏好。比如对称性，含有对称性的图形往往受人欢迎，轴对称图形给人以稳重感，中心对称图形则给人以灵动感，但若处处都对称又感觉过于死板。比如人们喜爱圆形或近于圆形的围合空间胜过狭窄的充满尖锐边角的围合空间。又如主线之间的交点要大致与立交几何中心重合，而不是“一边倒”，使得图形显得稳定（图7-3-1、图7-3-2）。

需要注意的是，立交线路的线形与其使用功能（通行能力、服务水平和行驶安全性、舒适性等）具有极强的关联性，因此在设计中不能从图案出发来确定每个线条的样式，而应当从功能出发，研究每个交通流向的交通量大小和交通性质、车辆组成等因素，以此初步选择合理的匝道样式以及匝道与主线、其他匝道之间的分合流关系，进而选择几种合理的立交形式。再根据用地和建设条件，以及周边地形地物、城市风貌及氛围、周边建筑物性质及外形，乃至当地的文化和生活习惯等因素在合理的立交选型中进行取舍和变化并加以创造性发挥，最终达到技术性和美观性的统一，即在技术合理的基础上努力追求美观性。

以四路互通立交为例，根据相交道路性质、转向交通流特点，以及用地和环境条件，在基本形态基础上作适当变化，会得出众多不同形态的立交形式。如四个象限用地对称均衡，常用的半定向互通形似“涡轮”（图7-3-3），或者可以布置成“窗花”（图7-3-4）；同侧两个象限用地对称，常用的互通几何图案形似蝴蝶的“蝶式”立交（图7-3-5）；四路斜向

图7-3-1　化工互通（图片来源：福州市规划设计研究院集团有限公司 拍摄）

图7-3-2　二环—南台立交（图片来源：福州市规划设计研究院集团有限公司 拍摄）

相交节点，用地条件一般为斜向长方形，常用互通形式为对角双环苜蓿叶形立交，可通过对匝道线形组合适当的柔化，形成类似“双鱼图”的活泼构型（图7-3-6）。

在城市立交设计中，经常受到各种现状和规划条件的限制，难以追求构型的完美，但美学原理是相通的，特别是需要避免一些不利于美观的布置方式。为此提出以下几个原则：

（1）立交匝道的线位关系应紧凑而有序。过于分散或者杂乱的布置会打乱立交的构型，也不利于交通组织。

（2）匝道之间的交叉尽量避开在立交的空旷处和视觉中心处。环形匝道围合的空间应尽量避免被其他线条切割，如林浦互通（图7-3-7）。

（3）立交的线位高度关系应内高外低。也就是靠近交叉口中心尽量安排在最高的位置，与环境交接的边界处尽量低，以利于周边通视，如五里亭立交（图7-3-8）。

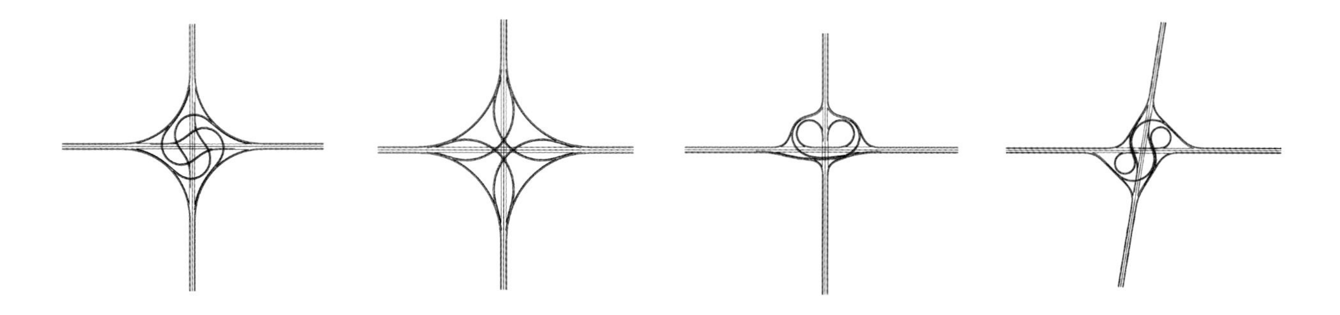

图7-3-3　涡轮形立交（图片来源：作者自绘）

图7-3-4　窗花立交（图片来源：作者自绘）

图7-3-5　蝶式立交（图片来源：作者自绘）

图7-3-6　双鱼图立交（图片来源：作者自绘）

图7-3-7　林浦互通（图片来源：福州市规划设计研究院集团有限公司 拍摄）

图7-3-8　五里亭立交（图片来源：福州市规划设计研究院集团有限公司 拍摄）

此外，城市道路立交除机动车之外还有非机动车和人行通行系统，通常的做法是将非机动车道及人行道与辅路一起布置于地面层，以信号灯平交口过街，但当其中一条道路非机动车及人行道与另一道路存在较大高差时（如跨江桥梁与江滨路交叉的情况），还需要设置非机动车及人行过街桥梁。非机动车及人行道平纵面线形要求相对不高，设计中一般是在布置好立交主线和匝道之后，在其间隙布设非机动车及人行过街桥梁。从美观的角度，需要注意非机动车及人行过街桥梁宜布置在较低的层次，一般紧贴机动车匝道布设，当匝道净空较高时也可布设在匝道下方，上下层叠合形成双层桥，而不能凌驾于机动车桥梁之上破坏立交的造型。

第四节　立交结构

立交结构主要是指桥梁结构，其美学设计的原则、思路及方法与桥梁美学基本一致，可视为桥梁美学的一个分支。与一般的桥梁相比，立交桥梁的美学设计具有以下几个特点：

（1）立交桥梁是多层次、多线路互相穿插、围合的集群性桥梁结构。由于立交总体造型本身的复杂性，桥梁结构形式的外形线条应尽量简洁、轻巧，一般采用外形最为简单的梁桥结构，从而凸显立交布置的线条美。

福州初期的立交规模较小，也受限于当时的经济发展和施工水平，较多采用钢筋混凝土连续板桥或箱梁桥，代表跨径16～20m；中期发展阶段，随着城市的扩张和汽车保有量的爆发式增长，立交逐渐重视技术标准和规模，相应的立交桥型以预应力混凝土连续梁桥为主，标准跨径30～40m；近年来由于城区交通压力进一步增大，在已建成道路上修建立交时应尽量减少对交通的影响，因此促成了钢连续梁桥的大量采用，适用的跨径范围也进一步放宽到30～60m。更大的跨越能力更好地保证了桥下的通视，进一步简化了桥梁结构外形，也促进了立交结构美学的进步。

此外，立交桥梁的外轮廓线要尽量保持一致。首先是梁高一致，局部需要加大跨径处可布置变截面连续梁桥并在梁高上与相邻跨接顺；其次是梁的断面形状的一致性，不同宽度、不同材质的梁应具有相同或至少是基本相同的侧面形状，并且跟防撞栏杆外侧面一同构成具有一定辨识度的外轮廓线；再次是桥墩外形的一致性；最后是上下部结构之间通过线、面、体等元素的协调和呼应关系形成的内在一致性（图7-4-1）。

（2）立交特别是匝道桥梁大部分由曲线构成，且曲线半径通常较小而多变，桥梁结构造型应充分考虑这一特点。从结构受力、施工和美观性方面，这种桥梁采用整体式现浇混凝

图7-4-1　尤溪洲大桥南立交桥梁高、外形、上下部结构的一致性（图片来源：福州市规划设计研究院集团有限公司 拍摄）

土箱梁或钢箱梁都是适宜的，也更能适应和体现曲线以及曲线变化的圆顺与和谐。对于直线或大半径曲线的主线桥来说，可选择梁片或小箱梁，但要注意外侧面的圆顺以及与匝道桥外侧面的过渡。

（3）与跨河桥以立面为主要观照视点不同的是，立交桥主要为高架桥，城市立交桥下一般都布置有辅路和非机动车道、人行道，往往还有大量的临街面。因此城市立交桥的主要观赏角度是桥下的视点包括近观视点。为此需要特别注重桥梁结构的尺度和比例，其中最重要的是梁高、高跨比和净空等方面。

这几个方面实际上是相互关联的。首要的因素是梁高，梁高的基本原则是在合理的范围内采用较低的梁高，以利于桥下通视和弱化高架桥的压迫感。如前文所述，在福州立交不同的发展阶段随着立交桥跨的增大，相应的梁高也从1.1m以下逐渐增加到2m左右，由此不可避免地带来一些厚重感，此时可以通过优化主梁侧面的线条，如采用斜腹板和曲面处理等来弱化垂直高度的观感。

当然这种处理的作用终归是有限的，所以当梁高较高（超过普通人身高）时，就需要注意采用较小的高跨比。根据经验，当跨径为30m左右时，采用1/20的高跨比是适宜的；当跨径为40m左右甚至更大时，高跨比要选择在1/25～1/20之间，这也是推动钢梁（包括钢混结合梁）使用的一个原因。从景观上，较小的高跨比可以强调跨越感而减少梁高带来的压迫感，从而改善桥下观赏和通行的体验。

当梁高达到2m左右，或者桥梁宽度较宽时，还可以通过适当增加桥下净空高度来优化桥下观感。当立交主线为全路段连续的高架桥时，增加桥下净空带来的造价增长是有限的，而净空的增加可以明显改善桥下通视。在福州，从福湾路高架开始，近年来修建的路段延续的高架都不同程度地增加桥下净空，取得了良好的视觉效果。

此外还有桥墩的形状和体量的影响。由于立交线路多、桥跨多，桥墩经常分布较为密集，对桥下通视造成较大的影响，也影响到桥下辅路的视距。为此在进行立交桥墩设计时需要尽量减少桥墩墩柱的数量，同时控制桥墩的体量。当主线桥较长时，可以采用大悬臂主梁断面或者大悬臂盖梁，把墩柱集中于靠近道路中央的位置，从而改善路侧的通视。对于匝道桥而言，原则上尽量采用单体墩，墩顶可采用花瓶式扩大头或小盖梁以放置2个支座。如果桥梁线形和桥跨较为规整，桥墩布置的规律性可以形成较好的韵律感；但如果在桥梁交叉较多，桥墩方向和距离变化大的情况下，墩柱宜采用圆形或者椭圆形断面。当几个桥墩密集地布置在一起时，还可以考虑墩柱合并设置的形式。

第五节　立交近观环境

人是一切审美的主体，也是立交美学设计的出发点和归结点。与立交接触最为全面和深入、同时也是数量最多的人，自然是立交的使用者——机动车和非机动车、步行通行者。实际上，立交舒展圆顺的线形布置、简洁优美的桥梁结构造型，以及平整的路面、完善的交通设施、友好的非机动车和行人通行道路等功能性的因素，也都是构成立交良好通行环境的重要组成部分，本节主要从景观设计的角度，讨论美化立交近观环境的几个的方法。

一、防撞护栏的样式和花化

防撞护栏是桥梁的附属构件，立交桥梁的防撞护栏却是营造桥面景观和桥梁立面景观的主要元素之一。首先，防撞护栏的样式需要与主梁的外形相协调，共同组成桥梁的外侧面轮廓。常用的高架桥防撞护栏包括实体式的混凝土防撞护栏和通透式的钢结构防撞护栏两种。从观感上，实体式护栏安全感和保护感更强，通透式护栏则较为轻巧和利于通视。若是采用混凝土实体墙式护栏，护栏的外侧面线条要和主梁侧面线条特别是翼缘的端部线条风格统一，形成连贯的曲线或浑然一体的直线。如果立交周边具备较好的景观条件，为方便桥面上观景，可以采用通透式的钢护栏；或者在需要体现桥梁轻量化和改善通视的情况下，宜采用

图7-5-1 双湖互通（图片来源：福州市规划设计研究院集团有限公司 拍摄）

图7-5-2 闽江大道立交（图片来源：福州市规划设计研究院集团有限公司 拍摄）

通透式的钢护栏。

近年来福州在城市高架桥防撞护栏和人行天桥栏杆外侧大力推广花化，总体上取得较好的景观效果。在已建的立交桥上进行花化改造主要是在防撞护栏外侧加挂花箱，新建立交桥则是把防撞护栏设计成外侧带种植槽的形式，种植的树种主要选择易于养护、颜色鲜艳且花期可控的三角梅。花化一方面为立交桥梁增添了鲜艳的色彩，在一定程度上赋予了厚重的混凝土结构一些活泼和人性化的观感，也以另外一种形式强调了立交线形美；另一方面，对于桥上通行的车辆的驾乘人员来说，美化了通行环境，并且有助于吸收汽车尾气，减少空气污染。目前福州有条件的立交桥梁已经基本上普及防撞护栏的花化（图7-5-1、图7-5-2）。

二、桥下绿化

桥下绿化是立交景观设计最重要的组成部分之一，具有完善立交造型、丰富色彩层次、打造人性化通行环境等多方面功能。

在绿化的总体布置设计方面，首先应先对立交的总体布置进行分析和解读，把握立交几何构型的特征，理解立交各线路的平面和空间位置关系，找出绿化布置的核心和空间主从关系；其次要调查研究立交所在位置附近的自然和人文景观条件，以确定立交绿化景观设计的风格和主题。在此基础上，结合种植条件，以大地为纸，花草树木为墨，勾勒点染出几何构型明晰、空间层次丰富、色彩搭配多样的桥下绿化布置。需要注意的是，绿化布置要突出和完善立交线形布置中和谐优美的因素，同时设法淡化和抵消一些干扰破坏立交构型的次要因素，使立交的几何特征更加完善，更具观赏性。

图7-5-3 秀宅互通桥下绿化（图片来源：福州市规划设计研究院集团有限公司 拍摄）

图7-5-4 闽江大道立交桥下绿化（图片来源：福州市规划设计研究院集团有限公司 拍摄）

在桥下绿化的微观设计方面，要在符合绿化总体布置的基础上，着重研究绿化与地面通行者之间的关系。机动车道两侧的绿化应留出一些空间余地以利于通视，特别是在车道合流、分流口以及与非机动车、人行有交叉的地点，应注意进行视距核算，视距范围内要严格控制种植物高度。非机动车道与机动车道之间有绿化分隔带时，宜以灌木为主，既满足通视需求，又能提供一定的安全感。有条件时，人行道可以与绿化充分结合，灵活布置。一般来说，立交下的地面道路都包括一个平交口，平交口范围内的绿化布置应简洁明快，引导人群快速顺利通过平交口而不能诱导其停留（图7-5-3、图7-5-4）。

三、桥下空间利用

一般来说，立交桥下除了需要满足地面道路的功能性需求，其余的桥下地面都可以根据周边条件进行创造性的开发使用。福州早期的立交曾经将桥下空间作为店面进行开发，使辅路带有一些商业街的特色。这种利用模式，在改革开放初期城市机动车较少时尚为可行，但随着城市的发展和汽车保有量的增长，其弊端显而易见。目前将立交桥下作功能性开发的只有在城市外围、辅路交通量少的几个地方，并作为特定车辆停车场使用，大部分的立交桥下都作为公共绿地进行绿化并由园林部门进行日常管养。

近年来，随着人民生活水平的提升，户外休闲的需求日益提高，公园等公共绿化也都增加步行线路和设施以强化游览者的参与度，立交桥下由于土地产权的公共性和交通的便利性，在桥下根据交通条件、地形和周边情况划出适当区域开发公众休闲场所成为广受人民群众欢迎的应时之选，比如鼓山大桥南桥头的花海公园，尤溪洲大桥南立交桥下的风铃木公园等，都取得了良好的社会效果。需要注意的是，作为公众休闲空间的选址一般要在地面交通相对宁静并且不紧靠住宅区的位置（图7-5-5）。

图7-5-5　秀宅互通桥下空间（图片来源：福州市规划设计研究院集团有限公司 拍摄）

第八章

城市立交规划设计建议

城市立交设计是一门综合性技术，需综合考虑功能、安全、环境、资源、全寿命周期成本、驾乘者的舒适性和便利性等因素；需协调节点与整体路网系统的关系，保证立交形式、几何构型便于驾驶人使用；需确保交通流运行方向、车道布置、运行速度、通行能力等具备连续性[15]。

第一节　城市立交特点

城市立交（尤其是枢纽立交）与公路立交虽然在作用、主要组成部分、设计方法等方面存在许多相似之处，但由于交通特点和用地条件不同，两者依然存在一定的差别（表8-1-1），了解两者之间的不同特征，对城市立交的设计意义较大。与公路立交相比，城市立交主要表现为以下几个方面的特征：

城市立交与公路立交的区别　表8-1-1

对比方面	城市立交	公路立交
服务对象	大型货运汽车较少，行人和非机动车交通干扰大	仅供汽车通行，大型货运汽车多
交通特征	交通负荷大，日内呈现明显的早晚高峰	不具备明显的高峰时段
运行速度	较低	较高
立交形式与占地规模	受用地红线严格控制，占地规模较小，立交形式一般根据用地范围、道路性质和转向交通特点综合平衡确定，立交形式个性强	用地一般不受限制，占地规模较大，立交形式一般根据道路性质和转向交通特点自由确定，立交形式通常采用基本形式
立交功能	一般分主、辅路两个系统，大多为三层式立交	一般为单一的快速系统，通常为双层式立交
设计指标	较低	较高
美观要求	较高	较低
施工影响	立交位于城区内，对市民出行影响大	立交位于郊区，对市民出行不产生影响
关注重点	以提高立交整体通行效率为主	以保证车辆快速通行为主

一、服务对象方面

高速公路仅供机动车通行，并通过收费站控制运行车型，避免慢速汽车进入，车辆总体运行速度较高，但爬坡能力较差的大型货运汽车占比较大。城市快速道路服务对象除机动车外，还包括非机动车、行人等，特别是步行、骑行等交通方式应给予足够的重视。此外，城市快速道路的大型货车和公共汽车一般在辅路系统运行，但快慢汽车分离困难，汽车组成相对复杂，车辆总体运行速度较慢。因此，与公路立交相比，城市立交多采用三层式立交，主线和匝道设计速度、平纵面线形指标相对较低。福州已建枢纽立交匝道平曲线最小半径立A_1类为40m，立A_2类为35m，最大纵坡为6%。

二、交通运行方面

城市交通以中短距离出行为主，可选择的出行路径多，驾驶人员一般会选择出行耗时短的路径，因此交通大量聚集在无信号灯的快速道路系统上。福州快速道路系统承担了城市50%以上的周转量。城市立交大多位于快速道路系统上，因此承担的交通负荷也较大。

交通流特征上，城市快速道路交通呈明显的时变特征。例如工作日的交通出行量明显高于周末和节假日；工作日呈现明显的早晚高峰特征，早晚高峰时段的交通量占全天交通流量70%以上。车辆行驶速度主要在30～70km/h的中低速区间。

城市立交作为城市交通密集区域的交通转换关键节点，设计速度指标固然重要，但保证交通（尤其是匝道及出入口交通）的有序运行，减少交通事故而产生的交通延误，是城市立交设计重点关注的问题。城市立交的匝道入口部或主线合流区通常是导致交通拥堵的主要节点。因此，城市立交设计应更关注该区域的设计，保证交通有序运行。例如设置超车道的双车道匝道，在邻近合流口处通常会设置导流线关闭一条车道，形成单车道入口。这种设置导流线的做法，会导致车辆容易抢道或跨越导流线并入主路，影响合流区的有序运行。

三、用地条件方面

公路立交匝道线形标准高，占地面积大，而城市立交匝道设计速度较低，其相应的线形指标低，占地面积也小。城市立交占地面积过大会造成土地资源浪费。此外，城市道路的布置一般每500m左右就有一个交叉口，如果城市立交布置规模较大，会影响立交紧邻几个交叉口的交通组织。因此，城市立交应合理选择立交形式和匝道线形指标。

城市立交受到用地红线严格的控制，一般在有限用地范围内设计。由于立交周边用地通常密布着各类建筑物和地下管线，甚至存在不可移动的构筑物（如古树名木、文物建筑、超高压输电塔等），不仅限制了立交的选型，也影响匝道的展线空间。因此，城市立交往往因匝道制约因素多而采用非标准型立交，这不仅增加了立交的设计难度，也给交通使用者带来不便。

四、美观要求方面

城市高层建筑多、视点高、可视范围大，城市立交建设应注重美学效果。首先，立交整体造型上应尽量对称、工整、大气。如三县洲大桥南立交，作为一般桥头立交，根据用地特点，以叶形立交为基础，立交平面造型似蝶，对称、工整，与大桥的斜拉桥竖向扇面相呼应。其次，城市立交可通过桥侧的花化、美化，给使用者以愉悦的交通体验。福州大部分立交的桥体两侧结合防撞护栏设置花槽种植三角梅，成为福州一道靓丽的风景线。最后，城市立交还应考虑桥下空间的合理利用，避免出现城市的“灰空间”。

五、施工影响方面

城市立交一般位于城区范围，甚至是交通繁忙区域，对市民出行影响大。因此，城市立交设计时还需考虑施工期的交通保通和快速施工问题，尤其是既有立交改造。有条件的桥梁结构尽量采用标准化、装配化，降低施工对周边环境的影响。

第二节　城市立交规划

城市立交规划是城市道路交通规划的重要组成部分，是立交工程设计的主要依据。城市立交规划的目的是确定立交位置、红线范围、用地规模、立交形式、修建时序和投资估算等。立交规划布局的合理与否，不仅影响立交本身所能发挥的功能作用，而且影响整个城市路网的效益，甚至是区域经济社会发展。因此，做好城市立交的规划布局意义重大，应引起足够的重视。

一、规划各阶段主要任务

城市立交在城市总体规划、城市分区规划、控制性详细规划、交通工程规划等不同阶段的规划内容和深度不同。

在城市总体规划阶段，通常需同步编制综合交通规划，以确定整个城市合理的交通结构。相应的立交规划主要任务是确定城市立交的总体布局、立交类型，框定立交的用地范围，合理控制立交间距，尤其是快速道路系统上的枢纽立交。

在城市分区规划阶段，立交规划的主要任务是进一步明确分区内的立交布局，优化所选定的立交类型，确定立交的控制点坐标和标高，初步确定立交的用地红线范围。

在控制性详细阶段，立交规划的主要任务是确定立交的推荐方案，以便划定立交红线。交通工程规划通常与控制性详细规划同步进行。在该阶段，立交规划要充分理解上位规划的相关要求，开展立交用地条件调查，查明可能需要征迁的建筑物、重要设施、名木古树以及文物古迹等敏感目标，预测交叉口交通需求状况，确定立交各个组成部分（主线、匝道、变速车道、集散车道、辅助车道、辅路等）的技术参数。

二、立交位置选择

城市立交的位置选择应根据交叉口在道路系统中的地位、相交道路等级、场地条件等综合判断。一般遵循以下原则：

（1）快速路与快速路、快速路与快捷路交叉应设置枢纽立交，快捷路与快捷路交叉宜设置枢纽立交，以便构建四通八达、大运量的城市快速道路系统。

（2）快速道路与主干路交叉宜设置一般立交，本着与相交道路的通行能力相匹配的原则，优先选用占地少，造价低，造型简洁的菱形立交，对转向流量大的流向可设置部分互通式立交。

（3）高速公路与城市道路相交，应设置立交，保证高速公路车辆连续快速通行。

（4）快速道路与次干路相交，宜采用分离式立交。

（5）主干路与主干路及以下等级的道路相交，原则上不设置立交。

（6）对跨江或跨铁路一侧交叉口，主线存在较大高差时，可结合引桥或路口高架酌情设置全互通（或部分互通）式立交。

（7）对于高差较大的机场、火车站月台等地方，为便于与道路之间的衔接，可依托地形结合邻近交叉口设置立交。

（8）尽端式快速道路的首个路口，为使上下游的路段通行能力相对平稳过渡，宜设置菱形立交或部分互通式立交。

三、立交间距

城市立交之间应有适当的距离。立交间距过远，则影响道路系统的运行效率；立交间距过近，则路线段纵断面起伏频繁，标志、信号灯布置困难，影响行车安全和舒适性，工程造价也高。

一般来说，城市快速道路系统的立交（包括枢纽立交和一般立交）平均间距宜控制在

2.0～3.0km之间，郊区枢纽立交的间距可放宽至4.0km，最小间距不宜小于1.5km，且净间距①不得小于500m。福州市三环快速路全长50km，共设置立交20座，平均间距为2.5km。

此外，快速道路系统的相邻立交，其间距应满足《城市快速路设计规程》CJJ 129[16]路段相邻出入口最小间距的要求。当受路网结构或地形地貌限制、相邻立交的间距不满足路段相邻出入口要求时，应根据交织区所需长度确定采用辅助车道或集散车道的组合式立交。

四、立交选型

立交选型应根据交叉口在道路网中的地位、作用、相交道路的等级，结合交通需求和控制条件确定。结合《城市道路交叉口设计规程》CJJ 152和福州实践情况，城市立交选型建议见表8-2-1。枢纽立交原则上应采用全互通式立交。立A_1类立交适用于快速路与快速路相交的情况；立A_2类立交适用于快捷路与快捷路相交，或因用地条件限制转向交通通过集散车道或辅路与快捷路连接的情况。

城市立交选型建议 表8-2-1

相交道路等级	推荐类型	可选类型	可选类型适用条件
快速路——快速路	立A_1类	—	
快速路——快捷路	立A_1类	立A_2类	匝道通过快速路的辅路或集散车道连接
快速路——主干路	立B类	立A_2类	转换需求量较大
		立C类	快速路不适合设置出入口、转换需求较小
快速路——次干路	立C类	立B类	次干路转换需求较大
快捷路——快捷路	立A_2类	立B类	转换需求较小、需交通专项论证
快捷路——主干路	立B类	—	
快捷路——次干路	立C类	立B类	次干路转换需求较大
主干路——主干路	—	立B类	平面交叉口通行能力无法满足、直行交通要求较高

注：高速公路参照快速路确定与相交道路相交的立交类型。

① 相邻立交净间距是指上游立交加速车道渐变段终点至下游立交减速车道渐变段起点之间的距离。

五、红线控制

立交红线是指立交工程中跨线桥隧、匝道、景观绿化、附属设施（管理用房、照明、排水）、人行与非机动车设施等交通设施建设用地的控制线。立交红线是立交规划中一个非常重要的要素。立交红线控制范围过大，立交选址灵活性较大，但不利于城市土地的综合利用；而红线控制范围过小，则难以实现其固有的交通功能。立交红线控制的基础是立交形式。

对于互通式立交，应在交通工程规划阶段，根据交通功能、用地条件等因素，结合交通需求分析进行方案比选，选取推荐的平面布置方案，作为立交红线的划定依据。当方案比选不能达成共识时，可尝试采用多个较优方案的包络线作为红线划定的依据。

对于快速道路与主干路相交的菱形立交，立交匝道一般与辅路共线，立交方案应根据路口预测交通量、信号灯的绿信比以及转向交通的交织需求，测算所需的进出口道的长度和车道数。当缺乏资料时，对于单向双车道的辅路，平面交叉口的进口车道数不小于4条；对于单向三车道的辅路，平面交叉口的进口道车道数不小于5条。立交出入口鼻端与相交道路中线距离一般不小于300m，高架匝道落地点与交叉口停车线距离不小于150m。

对于地面式快速道路与重要次干路相交的分离式立交，次干路采用下穿快速道路的形式，下穿通道内还应设置行人和非机动车系统以解决其直行问题。同时，次干路也需要设置地面匝道与快速道路的辅路连接，以便右转车辆通过辅路上的主辅路出入口进出主路。这种分离式立交的次干路往往因道路红线宽度不足，难以设置连接辅路的匝道，影响路网的交通效益。如福州二环—首山立交、二环—盖山立交，由于次干路的红线宽度不足，下穿通道仅按双向两车道设置（图8-2-1）。建议这类分离式立交应在次干路路口段进行展宽，以留有

图8-2-1　二环—首山下穿（图片来源：福州市规划设计研究院集团有限公司 拍摄）

足够的红线宽度。缺乏资料时，展宽段的长度可按相交道路右转匝道接地点与快速路中线距离不小于220m的规格设定。

立交红线控制应留足推荐立交方案外轮廓线外侧的道路构造所需要的空间和适当的退距，以保证立交运营安全。此外，红线规划还应考虑以下因素[17]：

1. 尽量以简单直线控制，便于规划管理

由于立交本身的技术特点，不同形式立交的规划红线控制范围是不同的，难免会产生一些尖角、狭长及带状的地块，而这些地块可能满足不了其他规划功能的开发建设要求，影响土地资源利用的价值和使用效率。因此，进行规划红线控制时充分考虑立交形式与周边地块的关联性，从规划管理的角度出发，尽可能减少一些狭长、带状及其他不规则地块的产生，尽量简化规划管理程序，同时保证周边各地块的用地性质完整，满足地块开发建设要求。

2. 因地制宜，协调与周边设施的矛盾

立交规划红线还需综合考虑立交周边地区的用地性质、区域功能定位、交通需求、城市发展趋势等情况，尽可能满足与其相邻的城市居民建筑、商业场所、公共服务设施（学校、医院、广场等）以及村镇、工业厂房等对生产建设、交通设施、城市景观、环境保护（噪声隔离）等用地要求，合理协调立交与周边设施的矛盾冲突。

3. 美化环境，适当增加绿化面积

绿化是立交景观的重要组成部分，除立交外轮廓范围内，周边区域适当增加绿化，以改善立交生态环境，减小匝道的切割给自然带来的生态破坏和景观破碎化，起到宏观景观和微观景观协调发展的作用，让立交使用者（驾驶员、乘客以及行人）感觉安全、舒适、和谐。

4. 保护地域特色景观的整体性

当立交位于林地、水域、传统村落等独具特色的地域景观区域时，突出和保护这些独特的地域景观，减少对这些地域的侵占，合理使用这些自然资源，避免割断生态景观或视觉景观空间，形成独特的景观特色。

福州市早期立交规划控制的用地红线范围较小，规划地块形状与功能需求不匹配是立交设计主要难点，特别是二环路沿线的立交节点。用地红线不合适的主要原因：一是早期立交规划控制没有相应的规范依据，交通工程规划深度不足；二是用于控制红线的立交规划主要以前期研究的方式开展，一般只解决转向交通的路径选择，对匝道线形技术标准的掌握不够准确；三是对未实施建设的立交，较少对其规划红线回头看，进行实时动态优化调整。立交规划红线控制与管理是立交规划建设的一个重要环节，应给予高度的重视。

六、占地规模

福州城市立交主要采用“中央区占地”和“溢出占地”两个指标作为立交方案比选的控制指标。立交中央区占地是指以立交主线分、合流鼻端为起点（主线若有多个鼻端，以远端鼻端为起点），采用直接或简单曲线划定所围成的范围。溢出占地是指立交中央区占地扣除基本占地后的剩余占地。在城市立交系统，辅路系统的地面平面交叉已经形成了交叉口的基本占地，主路系统的立交匝道布设额外增加的占地，称为溢出占地。

这两个指标与工程设计上的立交占地规模（简称“立交总占地”）不同，立交总占地一般以立交各个方向的起止点所围成的空间来计算。对于城市立交，中央区占地与立交总占地相差较大，立交中央区占地小，其总占地不一定小。例如四路交叉的定向式立交，其中央区占地是几类四路立交中最小的，但立交层数多，主线规模大，立交总占地也比较大。因此，工程占地规模不能直接作为立交规划阶段的红线控制依据。

福州三环路上大部分枢纽立交占地规模控制较好，基本能满足立交的设置要求。几座不同形式枢纽立交占地情况见表8-2-2。

福州典型枢纽立交中央区用地 **表8-2-2**

立交类型	序号	立交名称	立交形式	中央区占地面积（公顷）
四路立交	1	洪塘立交	单环苜蓿叶形	15.83
	2	三江口大桥南立交	单环苜蓿叶形	18.75
	3	橘园洲互通	同侧双环苜蓿叶形	25.76
	4	浦上互通	同侧双环苜蓿叶形	13.18
	5	湾边互通	同侧双环苜蓿叶形	20.33
	6	螺洲互通	同侧双环苜蓿叶形	28.22
	7	秀宅互通	对角双环苜蓿叶形	17.09
	8	林浦互通	对角双环苜蓿叶形	14.30
	9	南屿枢纽	涡轮形	28.58
	10	国货互通	K形	26.34
三路立交	11	永丰互通	大Y形	18.11
	12	亭江立交	大Y形	7.33
	13	闽江大道立交	小Y形	4.38
	14	二环一南台立交	喇叭形	5.55
	15	环岛路互通	梨形	7.77
	16	化工互通	梨形	10.66

第三节　城市立交设计

一、立交总体设计

在不同的设计阶段，立交设计所关注的要素不同。在可行性研究阶段，应全面分析上位相关规划和路网结构，提出设计总体指导思想和总体设计原则，明确相交道路性质和节点功能定位。同时，根据交通量需求预测和工程建设条件，初步拟定几种可供选择的立交形式，对立交方案进行技术、经济、社会和环境方面的评价，确定推荐方案。

在工程设计阶段，应在可行性研究成果和批复意见的基础上，明确总体设计原则，细化设计方案。根据交通量分布及其组成，确定交通流主次关系、匝道形式、匝道连接方式、机车道数规模，并结合现场建设条件和各方面影响因素，比选并推荐立交的设计方案。

立交总体设计应遵循以下原则：

（1）综合考虑立交的间距、交通组成、用地条件、敏感目标（古树名木、文物古迹、特殊建筑物等）及建筑出入口控制等要求。

（2）立交交通流运行方向，车道布置和运行速度等应具有连续性，并符合交通使用者的期望和车辆的行驶特征。

（3）立交在工程建设中较少单独立项设计，一般包含在快速道路工程项目中，是快速道路设计的最重要内容之一。快速道路工程项目中的立交，还应根据项目总体交通设计方案，协调优化各个节点的立交方案。对独立立项设计的新增节点立交，应结合相邻节点的交叉形式统筹考虑。除满足自身功能外，还应考虑对相邻节点缺失功能的间接补偿，提升周边路网的服务水平。

二、立交形式

立交分类方式繁多，形式多样，一般根据相交道路等级分为枢纽立交和一般立交；按照相交道路岔数分为三路立交、四路立交和多路立交。按照立交外形划分，三路枢纽立交常用的形式有小Y形、大Y形、梨形、喇叭形等；四路枢纽立交常用的形式有定向形、涡轮形、苜蓿叶形（包括单环苜蓿叶、对角双环苜蓿叶、同侧双环苜蓿叶等）。

1. 选形原则

（1）以立交通行能力与需求相匹配为宜

立交形式的选择，应使立交与相交道路的功能定位及其通行能力相匹配。除枢纽立交外，不应刻意追求全互通或者特殊的几何形状。五里亭立交虽然采用全互通式立交，但由于早期立交建设标准较低，存在通行能力不足的问题，尤其是二环路双向四车道的直行交通量大，高峰时段形成交通瓶颈现象。而与五里亭立交邻近的二环—福新立交，采用菱形立交的形式，二环主线单向两车道高峰小时可通行最大机动车流量约3600pcu/h，辅路单向两车道高峰小时可通行最大机动车流量约1200pcu/h，无拥堵现象，立交通行能力与交通需求匹配较好。因此，五里亭立交当时若采用菱形立交，不仅能适应现在的交通需求，而且若将来相交道路福马路调整为快捷路，菱形立交的改造比低标准全互通式立交容易。

（2）分期建设与近远期结合

立交形式的选择应考虑相交道路等级未来可能的调整变化，并预留足够用地。相交道路未能同步实施时，按分期修建原则，留有将来建设的接口，如西岭互通。当既有相交道路路幅宽度较小，未能同步拓宽时，立交线形布置及匝道结构形式选择应尽量减少远期拓宽改造实施的难度，如洪塘立交。

（3）立交形式的可拓展性

四路十字交叉中被交道路交叉口前后路段分别为快速路和主干路时，常采用双向主线高架直行的三路枢纽立交形式，以解决被交道路直行方向通行能力的合理过渡，也为将来主干路可能提升快速道路，三路枢纽立交改为四路枢纽立交提供便利。如湾边互通由于福湾路从主干路调整为高架快速路，三路枢纽改造为四路枢纽，福湾路直行方向利用既有路口高架，但拆除了既有的一条右转匝道桥，造成了不必要的浪费。

（4）兼顾立交的美学效果

枢纽立交的形式选择在造价合理以及不影响交通功能、用地的前提下，应兼顾平面形式的美学效果。中华文化存在规则、对称的美学取向，北京、成都新机场的主体建筑都重视建筑的平面几何造型。枢纽立交作为大型低平建筑，其几何形状设计越来越受到公众的重视。立交是解决两条相交道路的交通转换问题，两条道路相交本身具有对称性，因此，立交匝道布设应兼顾对称规则。例如三路梨形立交通常打造成两条左转匝道并行相对舒展圆润平滑的“梨”形；四路涡轮形立交展示了“涡轮”反对称的动感；同侧双环苜蓿叶形立交几何图案形似蝴蝶展翅；四路定向式立交展示中华文化常见的“窗花”图案之美；四路斜交对角双环苜蓿叶形立交构筑“双鱼图”的意境，等等。

此外，立交也可结合桥体两侧护栏配置花池，通过配植色叶植物形成色带，与地面层的园艺景观叠合，展示多维的绿植景观。同时，也可尝试开展彩色路面诱导转向交通有序运行的研究，达成立交色彩与几何形状美相互融合的景观效果。

2. 立交选型

（1）枢纽立交

枢纽的立交形式除受地形条件、交通流量等因素影响外，也与快速道路的横断面形式关系密切。快速道路的横断面形式可分地面式（含路堤式）、高架式、路堑式、地下式，常用的形式是地面式和高架式两种。

三路枢纽立交建议形式见表8-3-1。两条高架式快速道路（简称“高—高快速”）相交优先选择大Y形立交，当用地条件受限时，可选择小Y形立交。两条地面式快速道路（简称“地—地快速”）相交的枢纽立交优先选择梨形立交。地面式快速道路与高架式快速道路（简称“地—高快速”）相交的立交形式可结合地形地貌条件、交通量和相交道路性质等综合考量。一般情况下，三路梨形立交比喇叭形立交更有优势，特别是十字交叉路口的三路枢纽立交，可较方便地顺带解决被交道路直行流量较大时高架快速通过交叉口问题，立交的综合效益较优。快捷路与快捷路（简称“快捷—快捷”）相交的立A_2类立交可选择喇叭形立交。

四路十字交叉的三路枢纽立交，实际上是两条主线高架直通的三路枢纽互通和半菱形立交叠合的立交形式。这种立交主次分明，立交规模小，立交通行能力与相交道路相匹配；但进行立交匝道布设时，应综合考虑路网结构可能的发展情况，有条件的尽量留有远期相交道路等级提高时，便于改造为四路枢纽立交的可能性。

三路枢纽立交建议形式　　表8-3-1

立交形式	梨形立交	大Y形立交	小Y形立交	喇叭形立交
适用型式	立A_1类	立A_1类	立A_2类	立A_2类
可用型式	立A_2类	—	立A_1类	立A_1类
适用条件	地—地快速 地—高快速	高—高快速 地—高快速	用地受限时	快捷—快捷

四路枢纽立交建议形式见表8-3-2。地—地快速相交宜采用苜蓿叶形立交，以降低立交总高度，减少立交主线的规模。高—高快速相交宜采用定向式立交形式，以减少立交的溢出占地。地—高快速相交的立交形式可选择空间较大，应根据地形地貌条件、交通量流向流量和相交道路性质综合考量。一般情况下，四路枢纽立交优先选择单环苜蓿叶形立交、对角双环苜蓿叶形和涡轮形立交。紧邻河流、铁道等单侧用地条件的立交，可选择同侧双环苜蓿叶形立交。

四路枢纽立交建议形式　　表8-3-2

立交形式	定向形	涡轮形	单环苜蓿叶形	对角双环苜蓿叶形	同侧双环苜蓿叶形
适用型式	立A_1类	立A_1类	立A_1类 立A_2类	立A_1类 立A_2类	立A_2类
可用型式	立A_2类				立A_1类
适用条件	高—高快速	地—高快速	地—高快速 地—地快速	地—地快速	地—地快速

交通型K形立交，可参照四路枢纽立交的形式，一般情况下，对角双环苜蓿叶形式的立交较为合适。几何型K形立交的形式较为复杂，可采用两个三路立交叠合，如梨形与喇叭形叠合或两个梨形叠合。

（2）一般互通式立交

三路立交一般选择梨形立交或喇叭形立交。当用地条件受限时，可选择小Y形立交。四路立交可选择的立交形式众多，建议根据用地条件和转向交通的实际情况，匝道的进出方式可相对灵活，次要道路主线可以采用上下行平面分离或竖向分离的方式，一般以选择苜蓿叶形立交为宜。

①桥头立交

一般互通式立交中，大部分是桥头立交。对于桥头四路交叉，当堤路同高时，可采用菱形立交形式，即大桥在跨滨江路前，设置两条落地匝道与滨江路平面交叉连接。当堤路不同高时（即滨江路标高低于防洪堤标高），由于受防洪堤限制较难设置平行落地匝道，大桥引桥下坡段与滨江路交叉可采用三路互通的形式，大桥引道段与滨江路的三路交叉可采用引道两侧辅路与滨江路的半菱形组织交通，形成四路半互通的立交形式，即"三路互通+半菱形立交"的形式，如琅岐环岛路立交、尤溪洲大桥北立交。

②特殊节点立交

高架快速路进出站场月台的专用匝道，可结合邻近道路立交建设，匝道的设置应避免社会车辆借道月台进出快速路高架主路。

尽端式快速路或快捷路的首个路口，上游段和下游段通行能力悬殊较大，当采用多方向集散匝道有困难时，路口立交的设计通行能力可取两路段中值，一般采用菱形立交作为过渡立交。杨桥江滨路口，路幅宽度受限，采用"快出慢进"的交通组织形式，也是选项之一。

③全互通式立交

一般立交通常不采用全互通式立交，主要理由是全互通式立交的通行能力远大于路段通行能力，采用全互通式立交会导致立交通行能力浪费，立交规模和占地都大，性价比较低。

（3）菱形立交

菱形立交的通行能力大多能够与路段相匹配，且占地面积小，改造方便，是一般立交中的主流形式。菱形立交通常有单点菱形立交、双菱形立交、连续跨越式菱形立交等几种形式。

菱形立交的主线跨越优先采用下穿的形式。福州早期菱形立交出于对软土地基、造价、工期等方面的考虑，主要采用高架上跨形式，景观效果一般。化工路几座菱形立交采用下穿地道形式，社会评价较高。

福州闽江以北二环路快捷路改造，主要采用连续上跨菱形立交解决车流连续行驶的功能，主线单向两车道高峰小时可通行最大机动车流量约3600pcu/h，交织段单向四车道高峰小时可通行最大机动车约4800pcu/h，整体运行效果良好，立交节点的互通化改造相对便利，是综合效益较佳的一种改造方式。

3. 立交空间层次

枢纽立交一般采用三层式。主路系统的两条相交道路分别在二、三层。重要性高或流量大的一条道路宜布在最上层，以减少墩柱对行车视线的影响，增加驾乘人员的景观体验。

供慢速汽车和人行、非机动车通行的辅路系统布置在地面层，一般采用信号控制的渠化平面交叉组织交通。人行、非机动车流量较小时也可采用环形平面交叉。辅路直行交通量较大的路口也可设置紧贴主线桥的路口式高架跨越交叉口，如福州三环—福飞立交。

一般而言，立交层数多则溢出占地面积小。立交设计可根据相交道路的结构形式和交叉口的用地条件选择立交的层数，国内已有多座两条高架路相交选择5层式定向立交的案例，如上海的延安路和南北高架立交、苏州的太湖大道立交。这种枢纽立交一般总高度在30m左右，具有交通转换便利、匝道线形指标较高、立交溢出占地小的优点，且匝道桥梁面积与苜蓿叶形立交相差不大。因此，该类立交在两条高架路枢纽节点的应用在增多。

4. 主辅路系统衔接

枢纽立交的主辅路系统一般是相互独立的，主辅两个系统一般不宜在立交区域内出现混杂的情况，其连接原则是通过路段上的主辅路出入口进行交通转换。在特殊情况下，主辅路的交通转换需在立交内完成时，宜选择在交通量较小且路径较长的匝道上，设置与地面辅路交叉口出口道外侧的辅路连接匝道，形成复合式互通立交。该类型立交应做到方向明确，易于识别，并做好衔接处的车道平衡和车道连续。

辅路系统应保持独立性和连续性。地面辅路系统交通特征与一般城市道路的主、次干路交叉口基本相同。考虑平面交叉口面积大，可按带左转待行区的渠化平面交叉口组织快、慢行交通以及公共交通。当交叉口不能满足平面交叉口设计通行能力时，可设置一般立交，如菱形立交。辅路系统的交通环境位于立交墩台等构筑物空间内，通视条件较差，交叉口设计应结合墩台设置统筹考虑。

5. 行人和非机动车交通

行人和非机动车应邻近交叉口布置，减少绕行距离。对于枢纽立交，非机动车和行人交通一般布置在地面层，避免其“上天入地”而带来的交通不便。对于一般立交，行人和非机动车交通可结合次要道路布置在地面层，采用信号灯平面交叉组织交通。对于桥头立交，非机动车和行人一般通过环形、“井”字形、H形天桥系统组织交通，避免因非机动车和行人较长绕行而进入机动车道通行，影响交通安全。

三、枢纽立交主要设计指标

1. 主线

城市立交的主线通行车道数应与路段基本车道数连续一致，其通行能力应与其上下游路段的通行能力匹配，并保持匝道分合流处的车道平衡。立交主线设计应做到平、纵、横协调配合。

（1）平纵线形

城市立交主线的平纵线形标准要求与公路不同，以不低于路段标准即可。实际上，城市快速环路的转角节点，主线线形标准往往较低，一般平曲线半径取用较小值。

公路立交平纵线形指标要求较高，平曲线半径指标要求接近于不设超高的线形标准。鉴于公路大型载重货车多，已建成运营的高速公路主线大下坡路段出口事故相对较多，纵断面线形的要求也比路段略高。城市立交与公路立交的主线线形指标对比见表8-3-3。

主线线形指标建议值　　表8-3-3

设计速度（km/h）		100	80	60	50
主线圆曲线最小半径（m）	市政道路	650	400	300	200
	公路	1000	700	350	—
最大推荐纵坡（%）	市政道路	3.0	4.0	5.0	5.5
	公路	3.0	4.0	5.0	—
最小凸形竖曲线半径（m）	市政道路	10000	4500	1800	1350
	公路	15000	6000	3000	—

注：城市区域公路线形指标选取极限值。

（2）出口识别视距

为使驾驶者及时发现互通式立交的出口，按规定行迹驶离主线，防止误行，避免撞及分流鼻端，保证行驶安全，互通式立交应具有良好的通视条件，判断出口所需的视距，这一视距称为识别视距。

识别视距为立交主线线形设计需要考虑的首要因素。驾驶者判断出口时，应能看到分流鼻端的标线，故物高为0。

城市立交与公路立交出口识别视距指标见表8-3-4。公路立交的出口识别视距要求要高于城市立交识别视距。公路立交只有在条件受限时方能采用1.25倍的停车视距，而城市立交仅要求主线分流鼻端之前的识别视距不应小于1.25倍的主线停车视距即可。

公路规范识别视距的值为区间值，主要考虑了立交区标志较多或上跨构造物的墩台净距较小，驾驶者需接受的信息较多，因而可能会忽略出口的存在或难以估计至出口的距离的情况。

识别视距 **表8-3-4**

设计速度（km/h）		120	100	80	60	50
识别视距（m）	市政道路	—	≥225	≥156	≥106	≥81
	公路	350~460	290~380	230~300	170~240	—

（3）匝道汇合流鼻区视距

匝道汇流前应有良好的通视条件。理想的通视条件是通视三角区内匝道为下坡、主线为上坡。当主线为下坡、匝道为上坡的情况时，通视三角区内匝道纵坡不应与主线纵坡有较大的坡度差。在通视区内宜设置通透式桥梁护栏，避免种植植物或安装声屏障等阻碍视线的行为。对设置在跨线桥后的出口，匝道出口至跨线桥应有适当的距离（公路规范距离不应小于150m），以墩台不压缩桥下主线驾驶者的视野，不影响驾驶者对出口的判断为原则确定。

2. 匝道

（1）设计速度与平曲线线形指标

匝道基本路段设计速度一般取主线设计速度的50%~70%，匝道设计速度和平曲线最小半径建议取值见表8-3-5和表8-3-6。其中，立A_1类为快速道路主线通过匝道直接连接的情况；立A_2类为快捷路与快捷路立交以及快速路通过辅路或集散车道与快捷路连接的情况。

枢纽立交匝道基本路段设计速度建议值（单位：km/h） **表8-3-5**

匝道类型	定向、半定向匝道				环形匝道			
主线设计速度（km/h）	100	80	60	50	100	80	60	50
立A_1类	50~70	45~60	40~50		45	40	35	
立A_2类		40~50	30~40	25~35		35	30	25

枢纽立交匝道平曲线最小半径建议值（单位：m） **表8-3-6**

匝道类型	匝道设计速度（km/h）							
	70	60	50	45	40	35	30	25
定向、半定向匝道	205~230	145~160	95~105	80~85	65~70	50~55	35~45	30
环形匝道				75~80	60~65	45~50	35	25

车辆在匝道上运行是一个变速行驶的状态。匝道设计速度实际上应该是匝道线形受限制路段所能保证的最大安全速度。其余路段上应以与匝道中必然存在的变速行驶相适应的速度作为设计的控制值。接近自由流出入口附近的匝道部分应有较高的设计速度。因此，设计者确定匝道各部位要素时可以不采用一个固定的设计速度作为设计控制的指标。

（2）匝道宽度

鉴于已运营多年的枢纽立交的匝道实际交通量大多大于预测交通量，建议单一转向匝道设计交通量＜400pcu/h采用单向单车道，匝道桥标准净宽取7.0m、全宽取8.0m。当匝道长度大于500m时，可采用双车道宽度的单车道匝道桥。匝道设计交通量≥400pcu/h，按双车道宽度设置单车道匝道；匝道设计交通量≥800pcu/h，按双车道匝道设计；匝道设计交通量≥1500pcu/h且＜2000pcu/h，按设置停车带的双车道匝道设计。

主线按高速公路标准建设的匝道，应按公路工程相关规范和福建省高速公路建设指南的要求执行（表8-3-7）。

福州枢纽立交匝道桥标准宽度建议取值（单位：m） **表8-3-7**

设计交通量（pcu/h）		＜ 400	≥ 400	≥ 800	≥ 1500 且＜ 2000
匝道类型		单车道 匝道桥	双车道宽度的 单车道匝道桥	双车道 匝道桥	双车道 匝道桥
匝道桥宽度（m）	快速路 快捷路	7.25*、8.0	9.0	9.0	11.5
	高速公路	9.0	9.0	10.5	12.25

注：表中带“*”号值一般用于用地条件受到限制的平行式落地匝道。

四、立交连接部设计要点

1. 匝道出入口布置

枢纽立交范围内，主路在一个行驶方向有两个或两个以上出口，易造成驾驶员迷惑或错向驶出，而过多的入口对主路直行交通影响较大。因此，匝道一般布设为“逐级分流、逐级合流”，采用一个行驶方向单一出口的形式。四岔路口的三路枢纽叠合半菱形立交的互通，为减少立交范围内的出入口数量，建议半菱形立交利用路段主辅路出入口组织转向交通。

2. 变速车道

变速车道按外形可分为直接式和平行式两种。平行式加速车道除了提供车辆加速功能外，还能提供等候主线车流空档以使车辆顺利插入的功能，普遍认为平行式加速车道能给汇流车辆提供更多的时间和机会去寻找直行交通车流间隙。因此，单车道入口的加速车道宜采用平行式，对于交通量大的城市立交，可适当增长加速车道的长度。平行式减速车道主线上车道数增减变化明显，容易辨别，能防止直接式长的渐变段诱导直行车辆误入减速车道现象。因此，单车道出口的平行式减速车道对匝道线形标准相对较低的城市立交有利。

双车道匝道出入口宜按车道数平衡、基本车道数连续的原则，采用在变速车道之外设置辅助车道的直接式出入口形式，辅助车道不应小于450m。当相邻立交净间距不足500m时，应把上下游出入口的辅助车道相连。

3. 辅助车道

枢纽立交中双车道出入口为满足主线基本车道数的连续和车道数的平衡，保证车辆有序畅行，需在变速车道外设置辅助车道。辅助车道一般设置在主线的右侧，车道宽度与主线相同。辅助车道长度（含渐变段）在分流端宜为1000m，且不得小于600m，在合流端宜为600m。

对主线连续合流且上游为双车道入口的情况，下游加速车道宜设于辅助车道上，且辅助车道自下游加速车道终点向下延伸一定长度，见图8-3-1（a）。

枢纽立交一般采用一个方向单一出口的形式。在特殊条件下需采用主线连续分流且下游为双车道出口的情况，上游减速车道宜设于辅助车道上，且辅助车道自上游减速车道起点向上延伸一定长度，见图8-3-1（b）。

当相邻立交遇到下列情况，一般也设置贯通的辅助车道：

（1）相邻立交出入口间距或立交匝道出口与上游快速路入口间距满足交织交通要求但不满足快速路出入口间距要求；

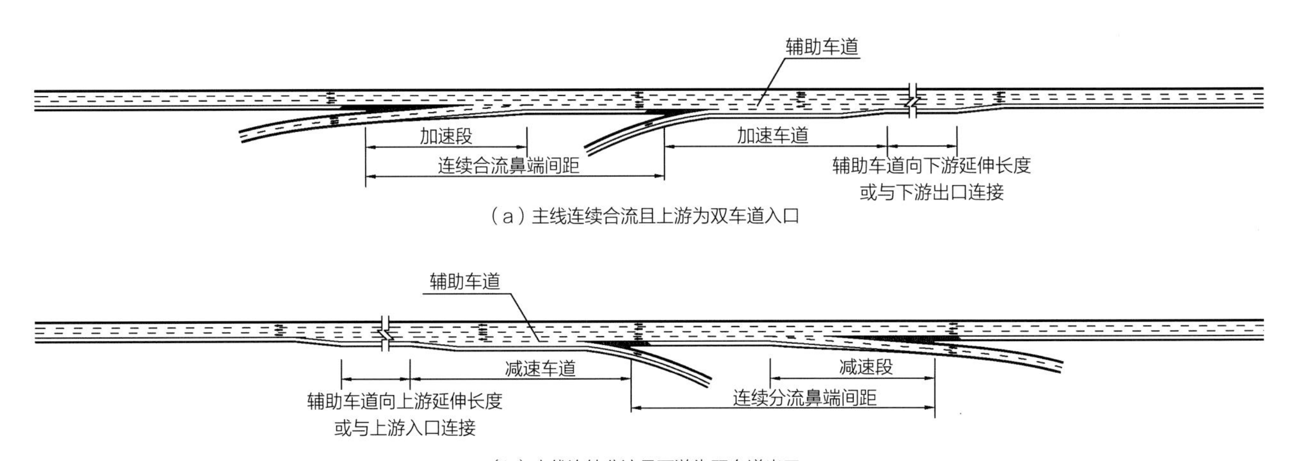

图8-3-1 连续分合流连接部辅助车道示意图（图片来源：作者自绘）

（2）相邻立交净距小于500m；

（3）相邻立交之间路段的交通量较大，路段服务水平明显降低。

对于几种常见的立交出入口匝道车道数的不同组合，辅助车道及合分流组织形式可参照图8-3-2执行。

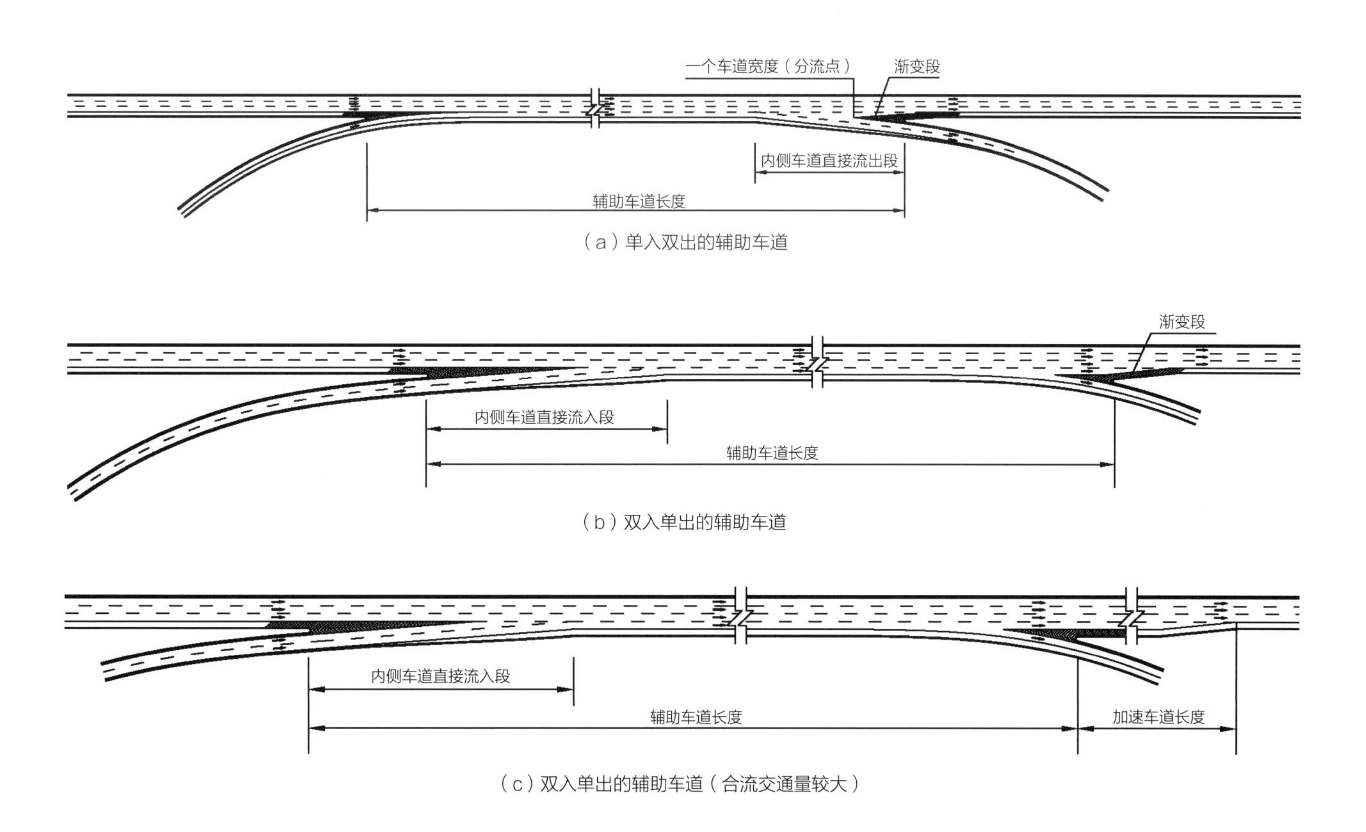

（a）单入双出的辅助车道

（b）双入单出的辅助车道

（c）双入单出的辅助车道（合流交通量较大）

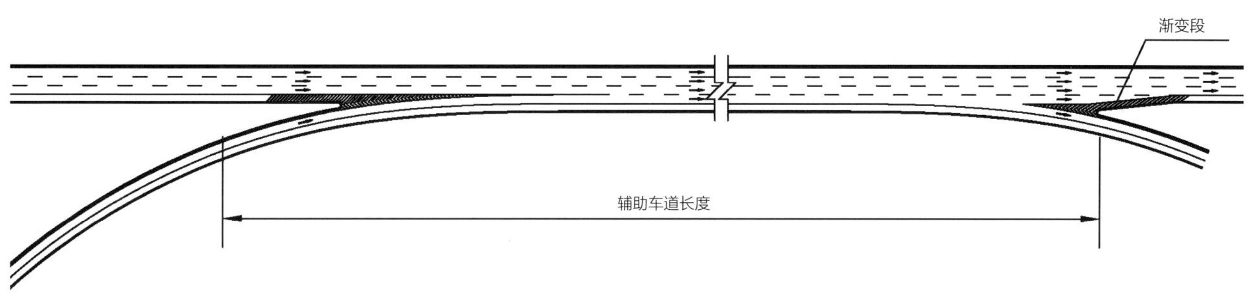

（d）单入单出的辅助车道

图8-3-2　相邻立交辅助车道及合分流交通组织形式（图片来源：作者自绘）

4. 集散车道

集散车道一般用于互通式立交一个方向多个出入口合并成单一出入口，以避免主路上交织交通或较长的交通紊流段。相邻立交净间距较短时，也需要通过设置集散车道以保证主线大交通量的正常运行。

组合互通立交间的集散车道，一般聚集两个立交的转向交通，交通量较大，因此集散车道应根据交通量情况配置相应的车道数。采用双车道集散车道时，由于集散车道长度一般较长，建议设置应急车道。螺洲—环岛组合互通集散车道单幅桥宽采用9.5m（不带应急车道的双车道），当一条车道汽车故障时，容易造成路段的堵车现象。

5. 应急车道

城市交通可选路径多，通常优先选择出行时间短、连续流交通的快速道路，快速道路诱增交通的效应较强，导致早晚上下班时段主线交通高饱和度运行。因此，位于中心城区的枢纽立交，匝道入口常见较短的主线车头间距下的强行抢道合流，使交通事故频发导致交通拥堵。因此，建议位于中心城区设计饱和度较高的快速道路，主线与匝道的合流口至下一个分流口宜设置应急车道，特别是跨江桥梁段落。

五、立交桥梁结构设计要点

1. 桥型布置

一条主线或匝道桥梁的孔跨布置应尽量均衡，避免过于悬殊的相邻大小跨。当需要设置大跨时，可与相邻跨形成变高度的三跨连续结构，其边跨端部梁高应与标准段高架相协调，保持整体韵律感。当孔跨间主梁结构采用不同的材料时，桥梁断面的外形尺寸原则上应保持一致。

2. 桥墩设计

一条主线或匝道宜采用统一的桥墩形式，桥墩立面的外轮廓尺寸基本保持一致，一般选用与主梁外形相协调的花瓶墩。联间共用墩顶部可通过渐变加厚留足设置支座的空间。当采用牛腿、马蹄式的墩梁或梁梁支撑构造时，应留有支座检修、更换所需的构造空间。

对于多条匝道桥纵横交错排列形式的桥墩群，建议选择任意角度只能看到两条外轮廓线，不具明显方向性的椭圆形花瓶墩。

3. 结构选型

互通式立交因匝道平面线形曲率小、异形桥段多，主梁上部结构大多采用现浇预应力混凝土连续箱梁。近年来，桥梁定期检测结果揭示福州这类立交桥梁梁底开裂病害较多。这些不同年代建设的箱梁，分逐孔张拉、逐段张拉和整联张拉三种不同预应力设计施工工艺，代表跨径、梁高、混凝土标号和预应力配索等大致相同，而普通钢筋用量指标随时间正增加。早期建设的闽江大道立交基本没有这类病害，正在建设的某项目落架就发现裂缝，使得裂缝病害的成因分析困难，相对有共识的是自拌混凝土优于商品混凝土，专业大型桥梁施工企业优于一般施工企业。因此，随着钢—混凝土叠合梁用钢量指标的逐步优化，建议今后这类立交桥多采用钢—混凝土叠合梁结构，对施工期间交通保通要求高的立交节点，也可采用钢管混凝土桥墩，以减少现场施工环节。

4. 桥梁附属设施

一方面，桥梁伸缩装置是易损的结构，建议适当控制连续结构的联长，减少结构的伸缩量，配置简单的伸缩装置。另一方面，结合花池的防撞护栏，需设置隔音装置时，隔音装置宜设置在花池外侧，以便高架上驾乘人员的观赏和花植的日常管养。

序号	主要互通立交工程	路线总体设计负责人
1	西岭互通	林嗣雄
2	永丰互通	蔡叶澜
3	洪塘立交（先期工程）	蔡叶澜
4	浦上互通	蔡叶澜、李萍
5	湾边互通	刘金福、张建
6	螺洲互通	蔡叶澜
7	秀宅互通	葛霞虹、刘金福
8	魁岐互通	刘澄源
9	国货互通	蔡叶澜、黄金龙
10	化工互通	刘澄源
11	园中互通	周志强、吕荔炫
12	新店互通	林世平、郑传玲
13	闽江大道立交	刘金福、李玉华
14	双湖互通	魏澜
15	二环—南台立交	林世平、郑传玲
16	新店外环—北二立交	魏澜、郄磊堂
17	环岛路互通	林世平、李玉华
18	三江口大桥北立交	钱城、吕荔炫
19	三江口大桥南立交	钱城、吕荔炫
20	亭江立交	林世平、刘澄源
21	二环—五四立交	郄磊堂、肖泽荣
22	五里亭立交	刘金福
23	尤溪洲大桥北立交	黄金龙
24	三环—北站立交	陈凤、吕荔炫
25	古城互通（二期）	郄磊堂
26	环岛路南站立交	魏澜、林忠雄
27	旗山大桥北立交	吕荔炫、李丽
28	琅岐环岛路立交	魏澜
29	乌山立交	官建安、刘金福
30	三县洲大桥南立交	葛霞虹、刘金福

参考文献

[1]王伯惠．道路立交工程［M］．北京：人民交通出版社，2000.

[2]福州市人民政府．福州市城市总体规划（1980—2000年）[R]，1982.

[3]习近平．福州市20年经济社会发展战略设想[M]．福州：福建美术出版社，1993.

[4]福州市人民政府，福州城市总体规划（1995—2010年）[R]．1995.

[5]刘金福．城市快速路建设迫切性讨论——以福州市二环路三期工程为例［J］．福建建筑，2005（Z1）：358-360.

[6]翁振合．福州二环路提速改造工程设计理念与工程效果［J］．城市道桥与防洪，2005（05）：31-34+2-3.

[7]福州市人民政府，福州市城市总体规划（2011—2020年）[R]．2011.

[8]胡劲松，塔建．广州市快捷路系统发展回顾与展望［C］//中国城市规划学会城市交通规划学术委员会．交通治理与空间重塑——2020年中国城市交通规划年会论文集．北京：中国建筑工业出版社，2020：695-701.

[9]王元．广州环城快捷路规划设计构想［J］．市政技术，2004，22（5）：263-265.

[10]华中科技大学．CJJ 152-2010城市道路交叉口设计规程［S］．北京：中国建筑工业出版社，2010.

[11]福州市人民政府，福州市国土空间总体规划（2021—2035）[R]．2022.

[12]刘金福，余步伦,官应椿．五里亭立交桥设计及存在的问题［J］．福建建筑，1996（04）：30-31.

[13]陈宝春，张和秋，钱士塘．“远行优先”环交理论及其在紫阳分离式立交上的应用［J］．福州大学学报（自然科学版），1996（04）：68-72.

[14]俞传宣．英国的环形交叉［J］．国外公路,1987（01）：16-25.

[15]孙家驷．道路立交规划与设计［M］．北京：人民交通出版社，2009.

[16]北京市市政工程设计研究总院．CJJ 129-2009城市快速路设计规程［S］．北京：中国建筑工业出版社，2009.

[17]王琢玉．广州市立交规划红线控制方案研究［J］．科学技术与工程，2011，11（32）：1671-1815.

后记

《榕城立交——福州城市立交的发展与实践》是对福州城市立交近40年发展以及集团公司市政路桥团队工程实践的系统性梳理总结，目的是为福州以及类似地区的城市立交建设提供借鉴和参考。

本书的具体分工如下：刘金福负责全书的总体把控，各个章节的深化、修订和审定，以及第二章、第八章等主要章节的撰写工作；傅大宝负责全书的结构梳理、修改，以及第三章、第五章和其他部分章节的撰写工作；张道智负责第一章、第四章以及其他部分章节的撰写工作；林志滔负责第六章的撰写工作；林忠雄负责第七章的撰写工作；刘潇潇、陈沥负责部分交通仿真模拟工作；郄磊堂、江昱山、黄金龙、周思源负责部分工程制图。林忠雄、李萍、肖泽荣、林嗣雄、蔡鹏程、葛霞虹、刘澄源、吕荔炫等参与全书的技术校审。邱宗新、李伟、陈宁负责主要立交的拍摄工作；潘余巧负责本书基础资料的收集工作；曾晓清、卢哲超负责本书文字和图片校正工作。

此外，立交路线总体设计负责人为本书提供工程案例的基础资料；福州市公安局交通警察支队提供部分路段及交叉口的交通量数据；福州市勘测院有限公司为本书提供卫星影像资料；集团科技信息部为本书提供案例照片。

本书的顺利出版，要感谢福州各级政府的指导和信任，感谢各业主单位一直以来的大力支持，感谢集团公司领导和同事的帮助，感谢本书参与者的辛勤付出。

由于作者水平有限，本书难免存在错误或不足之处，恳请广大读者批评指正。